AF905068

# INGENIERÍA ECONÓMICA BASICA

## MÉTODO DE APRENDIZAJE Y ESTUDIO

MAG Y CP
Leandro Sánchez Rodríguez

Ingeniería Económica Básica: Método de Aprendizaje y Estudio

© MAG Y CP Leandro Sánchez Rodriguez

© Editorial Musa

Todos los derechos reservados.

Queda prohibida la reproducción total o parcial de esta obra a través de cualquier medio sin la autorización previa escrita del titular de los derechos patrimoniales.

1ª Edición, 2026.
ISBN: 978-1-971710-12-9

EDITORIAL MUSA

Ciudad de México, México
56 3347 4468
www.editorialmusa.com

## OBRA DEDICADA A:

**MI DIOS:**

MISERICORDIOSO Y CREADOR DEL UNIVERSO

**MI PATRIA:**

LOS ESTADOS UNIDOS MEXICANOS

**MI ESPOSA:**

FLORINA OLVERA REGALADO

**MIS HIJOS:**

MAF E IIA RAMSES ZURIEL SÁNCHEZ OLVERA

ACTUARIO LIC. RICARDO ZAREK SÁNCHEZ OLVERA

**MIS PADRES YA FINADOS:**

LAZARO SÁNCHEZ LARA Y MA. LORENZA RODRÍGUEZ BARRÓN

**MIS HERMANOS**

CPA MORALBA, JOSE ANTONIO, ALEJANDRO (+), MA. DEL CARMEN (+), LAZARO (+) E ISABEL GUADALUPE (+).

**MIS ALUMNOS**

**MIS AMIGOS**

**ESPECIALMENTE A**

TEC. EN COMP. NICOLAS LOPEZ MENDOZA (+)

LAE AZAEL GONGORA VALADEZ

DRA E IIA ARGELIA VARGAS MORENO (DIRECTORA DE FACULTAD DE CIENCIAS QUIMICAS DE UNIVERSIDAD AUTONOMA DE NUEVO LEON)

ING. ARMANDO MARTINEZ DELGADO Y DOCTORA YOLANDA GRACIA VAZQUEZ

# ÍNDICE

PROLOGO 9

INTRODUCCIÓN 10

**PARTE 1**
EL VALOR DEL DINERO A TRAVÉS DEL TIEMPO 15

**PARTE 2**
GRADIENTES 29

**PARTE 3**
USO DE LAS FORMULAS DE VARIAS FORMAS 38

**PARTE 4**
PROYECTO 44

DATOS FINALES 107

AGRADECIMIENTO 110

# PROLOGO

ESTE TRABAJO ES ELABORADO PARA APRENDER EN FORMA SENCILLA Y SEGURA, COMO MANEJAR EL DINERO, TOMANDO EN CUENTA ESTE METODO DE ELABORACIÓN Y COMPROBACIÓN DE LOS EJERCICIOS PRESENTADOS, UTILIZANDO LAS 7 FORMULAS BASICAS, UNA DE INTERÉS SIMPLE Y SEIS DE INTERÉS COMPUESTO, ASÍ COMO LAS FORMULAS VAE, VPN Y TIR PARA EL ANALISIS Y EVALUACION DE PROYECTOS.

# INTRODUCCIÓN

EN ESTE LIBRO SE VISUALIZA COMO RESOLVER UN PROBLEMA CON TABLAS EN UNA FORMA ANALITICA, CON FORMULA Y CON FACTORES DE Interés.

DESDE UN PRINCIPIO SE VERA LA APLICACIÓN DE LA FORMULA Y LA UTILIZACIÓN DE LA TABLA DE FACTORES

TABLA DE FACTORES DE Interés COMPUESTO DISCRETO DE 3%

| 3% | PAGOS UNICOS | | | SERIES | UNIFORMES | | GRADIENTES | |
|---|---|---|---|---|---|---|---|---|
| n | F/Pin | P/Fin | A/Fin | F/Ain | A/Pin | P/Ain | P/Gin | A/Gin |
| 1 | 1.0300 | 0.9709 | 1.00000 | 1.0000 | 1.03000 | 0.9709 | | |
| 2 | 1.0609 | 0.9426 | 0.49261 | 2.0300 | 0.52210 | 1.9135 | 0.9426 | 0.4926 |
| 3 | 1.0927 | 0.9151 | 0.32535 | 3.0909 | 0.35353 | 2.8286 | 2.7729 | 0.9803 |
| 4 | 1.1255 | 0.8885 | 0.23903 | 4.1836 | 0.26903 | 3.7171 | 5.4383 | 1.4631 |
| 5 | 1.1591 | 0.8626 | 0.18835 | 5.3091 | 0.21835 | 4.5797 | 8.8888 | 1.9409 |

Estos factores se usarán de la siguiente manera.

Ejemplo: Tenemos un valor presente de $1,000.00 y quiero saber su valor futuro dentro de 4 años con un interés del 3%.

Si utilizo la formula F=P(1+i) ^n

F=1000(1+.03) ^4

F=1,000(1.03) ^4

F=1000(1.125550881)

F=**1,125.50881**

Si se utiliza la tabla de factores

F=P (F/Pin) F=1000(1.1255) F=**1,125.50**

Vemos que el resultado no cuadra por decimales, cuestión de redondeo

Como se usa: Nos vamos a las tablas, primero a la tabla de porcentajes que se está utilizando, nos vamos a los encabezados de cada columna, en este caso estamos calculando un valor futuro, nos vamos a la primera columna que dice F/Pin, lo que está arriba de la diagonal es lo que buscamos y lo que está por debajo de la diagonal es lo que conocemos.

El factor de cada columna se va a multiplicar por la cantidad principal que tenemos.

En este caso se busca el valor futuro y conozco el valor presente, el interés y el tiempo, este factor está en la columna F/Pin y hace intersección con el renglón de 4 años se multiplica por mi valor presente.

Y de la misma forma cualquier factor por la cantidad que estemos usando como principal, que puede ser P, F, A o G.

La diferencia entre una tabla de flujos de efectivo y un diagrama de flujo de efectivo es que en una tabla de flujos de efectivo se pueden hacer operaciones y en el diagrama es la presentación gráfica de los resultados de un proyecto.

EJEMPLO: Se hace una inversión por \$10,000.00 con un interés del 10% a un plazo de 3 años

| AÑO | DEUDA AL INICIO DE AÑO | TASA DE INTERÉS | INTERÉS (DEUDA INICIAL *TASA DE INTERÉS) | DEUDA AL FIN DE AÑO (DEUDA INICAL + INTERÉS) |
|---|---|---|---|---|
| 1 | 10,000.00 | .10 | 1,000.00 | 11,000.00 |
| 2 | 11,000.00 | .10 | 1,100.00 | 12,100.00 |
| 3 | 12,100.00 | .10 | 1,210.00 | 13,310.00 |

SE HA CALCULADO EL VALOR FUTURO ANALITICAMENTE, AL IR CALCULANDO CADA PERÍODO, AHORA LO COMPARAREMOS CON LA FORMULA.

$$F=P(1+i)^n$$

$$F=10{,}000.00(1+.10)^3$$

$$F = 10{,}000.00(1.331)$$

$$F = 13{,}310.00$$

SI UTILIZAMOS LA FORMULA SIEMPRE OCUPAREMOS LOS MISMOS RENGLONES NO ASI EN LA TABLA QUE SE UTILIZARIÁN DE ACUERDO CON EL NÚMERO DE AÑOS POR CALCULAR.

AHORA VEREMOS LA REPRESENTACIÓN GRÁFICA DE ESTE RESULTADO.

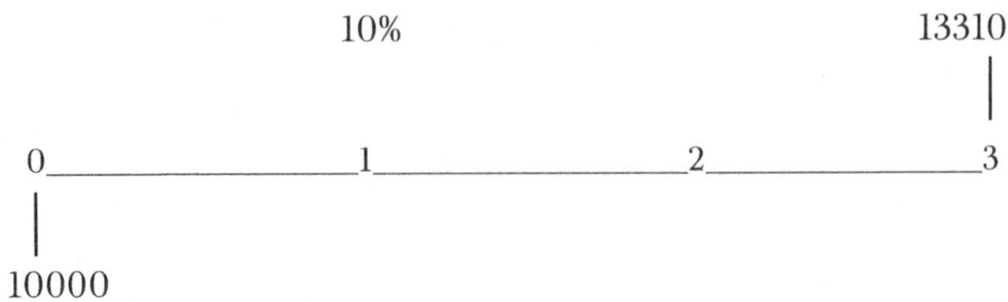

Así podemos visualizar que hicimos una inversión de \$10,000.00 (que para nosotros significa una salida de dinero) y vamos a cobrar dentro de 3 años \$13,310.00 (que para nosotros significa una entrada de dinero) y estamos trabajando con una tasa de interés de 10%

En este caso definiremos el diagrama de flujo de efectivo como una línea horizontal de izquierda a derecha segmentada en partes las cuales llamamos períodos los cuales pueden ser meses, bimestres, trimestres, semestres o años, y se dibujaran en ellas flechas la que van hacia arriba representan ingresos y las que van hacia abajo serán gasto o costos.

Estas flechas serán de acuerdo con redacción del problema, como en el ejemplo anterior. inversión indica hacia abajo, al final retiramos, entonces la flecha indica hacia arriba por que recibimos cierta cantidad.

Cuando trabajamos con flujos de efectivo constantes y hay entrada y salida podemos sacar el valor neto ingreso-costo y según la diferencia que sea mayor se dibujara hacia arriba o abajo.

# FORMULAS BÁSICAS

# PARTE 1
# EL VALOR DEL DINERO A TRAVÉS DEL TIEMPO

La INGENIERIA ECONOMICA es una técnica que nos permite tomar decisiones de acuerdo con los resultados obtenidos por el buen manejo del dinero y su valor a través del tiempo.

Esta técnica es relativamente nueva y no rebasa aún, los cien años de su aparición, en que se empezó a emplear debido a la necesidad de tener mejores beneficios económicos, según la historia nos indica que el precursor de esto fue el Ingeniero Arthur M. Wellington casi al final del siglo XIX. En 1930 Eugene L. Grant, en su libro de texto *Principios de ingeniería económica* y ya en 1942 los autores Woods y De Garmo publicaron su libro llamado *Ingeniería económica.* ("Ingeniería económica: qué es, historia, principios, aplicaciones") y hay otros autores más que han aportado a esta área, grandes técnicas y conocimientos como Bacca y Coss Bu que son obras en español.

Algo importante que nos enseña el uso de la INGENIERIA ECONOMICA, es saber manejar el dinero a través del tiempo y saber su verdadero valor.

El dinero es una mercancía que tiene su costo, esto es los interéses que se pagan o se cobran por usar dinero ajeno.

Bajo este contexto. Si la gente pide dinero, debería ser para ponerlo a trabajar y que con los resultados se pueda pagar el préstamo, los interéses y además que quede todavía un margen de ganancia, pero la mayoría no pensamos así, y cuando pedimos un préstamo, es para adquirir un bien o servicio, para organizar una fiesta o irnos de viaje y después el contratiempo es pagarlo con su debido costo.

Y aun cuando es relativamente nuevo este tema, vemos que en realidad la humanidad siempre ha pensado la manera de tener los mayores beneficios, incluso en la misma biblia se nos habla de esto cuando nos dice que un hombre rico, llamo a sus criados y les encomendó sus bienes, a uno le dio 5 talentos, a otro dos y a otro uno, a cada uno según su capacidad y se ausento, los primeros dos, inmediatamente fueron a negociar e hicieron crecer el capital, pero el tercero no, este hizo un hoyo en la tierra y escondió el dinero, después nos comenta que tiempo después regreso el señor y pidió cuentas a sus criados. Se acerco el que había recibido 5 talentos con otros 5 talentos, y le dice fuiste un criado bueno y fiel en lo poco, te pondré al frente de mucho, Llego también el que recibió los dos talentos con otros dos y le dijo lo mismo, criado bueno y fiel en lo poco, te pondré al frente de mucho, y por último el tercero diciéndole aquí esta tu talento, tuve miedo porque eres un hombre duro que cosechas donde no sembraste y tuve miedo perder tu dinero, así que lo guarde y no se perdió, y la respuesta del hombre rico fue, siervo miserable y perezoso, si sabias que cosecho donde ni siembro y recojo donde no esparcir, le hubieras dado ese dinero a los prestamistas y hubiéramos ganado al menos los interéses, y ordeno que se le quitara y se le diera al que tenía más.

O bien en la casa de la abuelita, a veces solo tiene sus frijoles cocidos y un paquete de sopa, y llegan todos los nietos de visita, y quien sabe cómo le hace la abuela para rendir la comida y que todos alcanzan a comer

Entonces hay que darle el mejor uso a los bienes que se tengan en el momento.

El costo del capital se les llama interéses, que se dividen a su vez en Interés Simple e Interés Compuesto.

## 1.1 INTERÉS SIMPLE

Interés SIMPLE: Existe una relación directa entre el valor Presente, Tiempo y la tasa de interés y se calcula de la siguiente manera:

$$I=P(n)(i)$$

Y para saber cuánto será el total en el futuro sumamos el valor Presente y el Interés.

$$VFT= P+I$$

¿Cuál es el interés? de un préstamo de $10,000.00, con un interés simple del 10% A un año

$$I=P(n)(i)$$

$$I = (10,000.00)\ (1)\ (.10)$$

$$\mathbf{I = 1,000.00}$$

¿Cuál es el total a pagar al final del año de este préstamo?

$$VFT= P+I$$

$$VFT= 10,000.00+1,000.00$$

$$\mathbf{VFT= 11,000.00}$$

¿Cuál es el interés? de un préstamo de $10,000.00, con un interés simple del 10% A tres años.

$$I=P(n)(i)$$

$$I = (10,000.00)\ (3)\ (.10)$$

$$\mathbf{I = 3,000.00}$$

¿Cuál es el total a pagar al final del año de este préstamo?

VFT= P+I

VFT= 10,000.00+3,000.00

**VFT= 13,000.00**

## CONCEPTOS CLAVE

**INTERÉS.** RENTA QUE SE PAGA POR USAR DINERO AJENO

**Interés SIMPLE.** ES LA RELACIÓN DIRECTA ENTRE CAPITAL, TIEMPO E Interés

## 1.2 INTERÉS COMPUESTO

Interés COMPUESTO: La particularidad aquí es qué al usar el Interés compuesto, los interéses generan más interéses, y es el interés comercial que se utiliza en los negocios.

En el interés compuesto podemos trabajar con proyectos únicos y con series uniformes de flujo de efectivo.

### 1.2.1 FLUJOS UNICOS

Al usar el interés compuesto en proyectos de flujo único, tendremos estas fórmulas:

| FORMULA | FACTORES DE INTERÉS |
|---|---|
| F=P(1+i) ^n | F=P (F / Pin) |
| P=F/(1+i) ^n | P=F (P / Fin) |

#### 1.2.1.1 EJEMPLO: CALCULANDO EL VALOR FUTURO.

Se pide un préstamo por $10,000.00 pagando un interés del 10% a un plazo de 1 año.

| FORMULA | FACTORES DE INTERÉS |
|---|---|
| $F=P(1+i)^{n}$ | $F=P\ (F/Pin)$ |
| $F=10{,}000.00(1+.10)^{1}$ | $F=10{,}000.00(1.10)$ |
| $F = 10{,}000.00(1.10)$ | **$F=11{,}000.00$** |
| **$F=11{,}000.00$** | |

**DIAGRAMA DE FLUJO DE EFECTIVO**

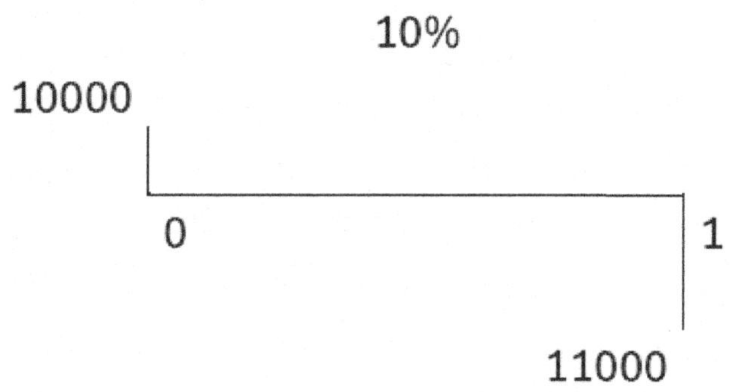


Y si esta operación fuese a tres años, sería así:

| FORMULA | FACTORES DE INTERÉS |
|---|---|
| $F=P(1+i)^{n}$ | $F=P(F/Pin)$ |
| $F=10{,}000.00(1+.10)^{3}$ | $F=10{,}000.00(1.331)$ |
| $F = 10{,}000.00(1.331)$ | **$F= 13{,}310.00$** |
| **$F = 13{,}310.00$** | |

## DIAGRAMA DE FLUJO DE EFECTIVO

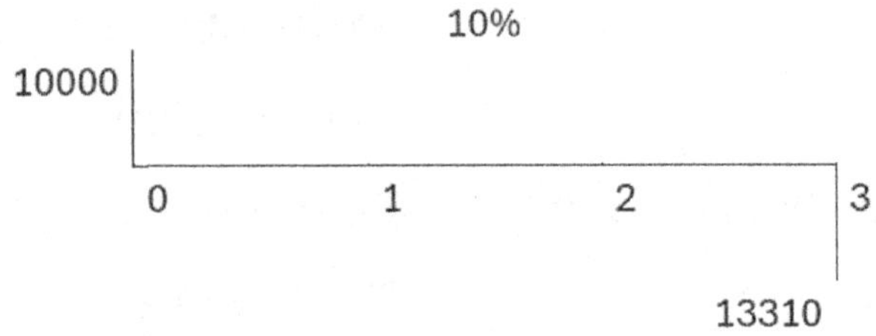


## EJERCICIOS 1

1. ¿Qué cantidad se acumulará al final de 7 años en una cuenta bancaria que da un 5%, si se deposita una cantidad de $20,000.00?

2. ¿Cuánto tendré que pagar? por un préstamo de $33,000.00, dentro de 8 años con un 20% de interés.

3. Encontrar el valor futuro dentro de 9 años, si tenemos un valor presente de $42,000.00 un interés del 20%

4. Cuánto cobraré dentro de 10 año, si invierto $14,000.00 con un interés del 11%

5. ¿Cuál es el valor futuro? de 27,000.00 dentro de 5 años si utilizamos una taza de interés del 8%.

## 1.2.1.2 EJEMPLO: CALCULANDO EL VALOR PRESENTE

¿Cuánto hay que depositar? para acumular $11,000.00 en un año en una institución que paga el 10%.

**FORMULA**

P=F/(1+i) ^n

P=11,000.00/ (1+.10) ^1

P=11,000.00/1.10

**P = $10,000.00**

**FACTORES DE INTERÉS**

P=F(P/Fin)

P=11,000.00(.9091)

**P=10,000.10**

## DIAGRAMA DE FLUJO DE EFECTIVO

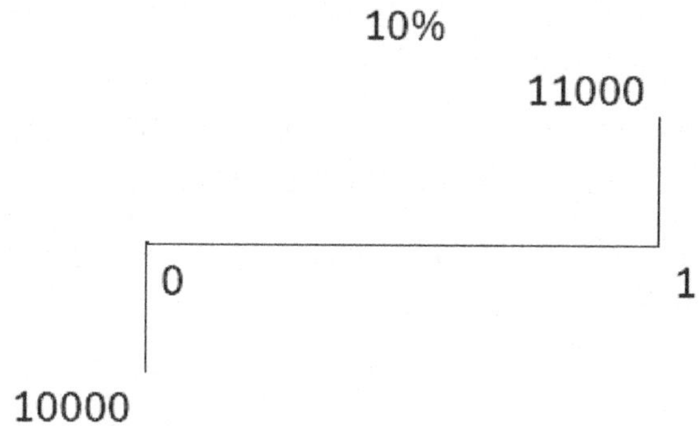


Ahora veámoslo así: ¿Cuánto hay que depositar? Para acumular $13,310.00 en un año en una institución que paga el 10%

**FORMULA**

P=F/(1+i) ^n

P=13,310.00/ (1+.10) ^3

P=13,310.00/1.331

**P = $10,000.00**

**FACTORES DE INTERÉS**

P=F(P/Fin)

P=13,310.00(.7513)

**P=9,999.803**

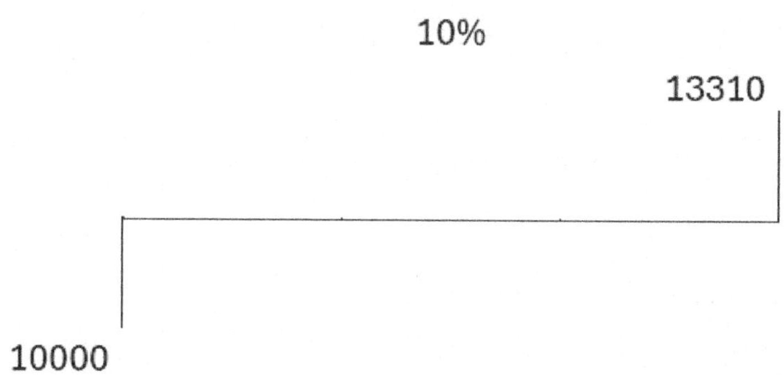

## EJERCICIOS: 2

1. Sí se pagarán $28,142.00 Dentro de 7 años con interés de 5%, ¿Cuál es el monto que me prestan?

2. Encontrar el valor Presente de un valor Futuro de $141,893.40 si utilizamos una tasa de interés de 20% con un tiempo de 8 años.

3. ¿Cuánto necesito invertir hoy? para tener dentro de 9 años $216,711.60 si hay un interés de 20%.

4. Si después de 10 años se paga la cantidad $39,751.60 y se utilizó un interés de 11%, la cantidad que se prestó era de:

5. Buscar el valor de P, si tenemos un valor de F por $37,870.20, un valor de i de 7% y n de 7 años.

## 1.2.2 FORMULAS PARA UTILIZAR EL INTERÉS COMPUESTO EN SERIES UNIFORMES DE FLUJO DE EFECTIVO

| FORMULAS | FACTORES DE INTERÉS |
|---|---|
| **Valor presente partiendo de valor anual.** | |
| P=A((1+i) ^n – 1 / i(1+i) ^n) | P=A (P/Ain) |
| **Valor anual partiendo de valor presente** | |
| A= P(i(1+i) ^n /(1+i) ^n – 1) | A=P (A/Pin) |
| **Valor futuro partiendo de valor anual.** | |
| F=A((1+i) ^n – 1 / i) | F=A (F/Ain) |
| **Valor anual partiendo de valor futuro** | |
| A=F(i/(1+i) ^n – 1) | A=F (A/Fin) |

Al referirse a serie uniforme de flujos de efectivo utilizaremos la variable A, la cual significa anualidad, pero la utilizaríamos dentro de las operaciones de serie uniforme aun y cuando los periodos no sean años, pueden ser meses, bimestres, trimestres, semestres, etc., el motivo por lo cual el símbolo puede ser A, es que anteriormente cuando alguien pedía un crédito, los deudores pagaban cada año, que es cuando se tenían ingresos, ya sea un agricultor, un ganadero, etc. En la actualidad ya con el avance tecnológico, y la industrialización, la gente obtiene ingresos en períodos más cortos, ejemplo un salario semanal, quincenal o mensual, entonces no usaremos M en meses, S en semestres, sino que será A la variable universal a usar.

### 1.2.2.1 EJEMPLO RELACIÓN DE UNA SERIE UNIFORME CON UN VALOR FUTURO.

¿Cuánto tengo que depositar, en una cuenta bancaria que paga el 10% anual de interés, en tres depósitos anuales e iguales para acumular la cantidad de $13,310.00.00?

**FORMULA**

A=F(i/(1+i) ^n – 1

A=13,310.00(.10/ (1+.10) ^3 – 1)

A=13,310.00(.10/ (1.331 – 1)

A=13,310.00(.10/.331)

A=13,310.00(.30211)

**A= $4,021.08**

**FACTORES DE INTERÉS**

A=F (A / Fin)

A=13,310.00(.30211)

**A=4,021.0841**

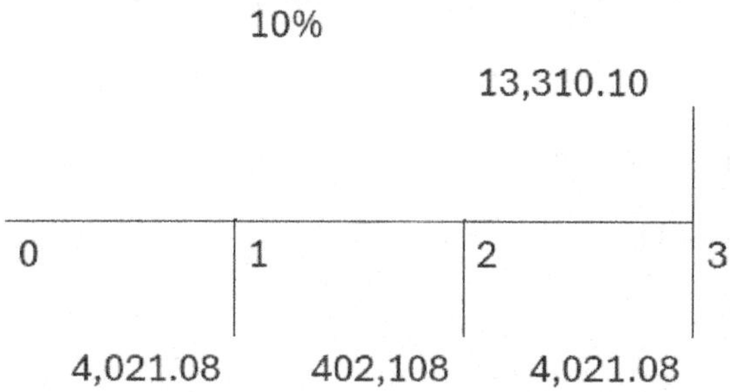

## EJERCICIOS. 3

1. ¿Qué cantidad? se debe de ahorrar anualmente para que después de 7 años acumular $28,142.00, Si existe una tasa de interés del 5%.

2. Encontrar el valor anual si habrá un valor futuro por $141,893.40, trabajando con un interés de 20% transcurriendo 8 años.

3. Encontrar el valor de A si F es de $216,711.60, i de 20% y n de 9 años.

4. Si se realizan 10 depósitos anuales de la misma cantidad de $2,377.15 un 11% de interés tendremos un total de:

5. Si Juan recibió $37,870.20 después de 5 pagos iguales cada mes, si se usó un a tasa de interés de 7% ¿de qué valor fueron sus depósitos?

### 1.2.2.2 EJEMPLO RELACIÓN ENTRE UN VALOR FUTURO Y UNA SERIE UNIFORME.

¿Cuál será el valor acumulado? si hago 3 depósitos anuales de $4,021.08 en un banco que paga el 10%

| FORMULA | FACTORES DE INTERÉS |
|---|---|
| F=A((1+i) ^n – 1 / i) | F=A (F/Ain) |
| F=4,021.08((1+.10) ^3 – 1 / .10) | F=4,021.08(3.31) |
| F=4,021.08((1.10) ^3 – 1 / .10) | **F=13,309.7748** |
| F=4,021.08((1.331 – 1 / .10) | |
| F=4,021.08((.331/.10) | |
| F=4,021.08(3.31) | |
| **F=13,309.77** | |

**EJERCICIOS. 4**

1. Si se depositan cantidades iguales de $3,456.40 durante 7 años, con un 5% de interés. ¿Cuánto se acumula al final?

2. Si se ahorra mensualmente en una institución bancaria la cantidad de $8,600.16 con un interés de 20%, encontrar la cantidad acumulada al final del mes 8.

3. Encontrar el valor F, de una serie uniforme de $10,419.49 si el interés es 20% y el valor de n es 9 años.

4. ¿Qué cantidad tendré dentro de 10 años? si deposito anualmente $2,377.15 y se emplea una tasa de interés de 11%.

5. A vale $6,585.25, i vale 7% y n es 5 años, ¿Cuál será el valor de F?

### 1.2.2.3 EJEMPLO: RELACIÓN DE UNA SERIE UNIFORME CON UN VALOR PRESENTE.

¿De qué cantidad serán tres retiros anuales de una cuenta que paga el 10% anual, si deposito la cantidad de $10,000.00?

**FORMULA**

A= 10,000.00(i(1+i) ^n /(1+i) ^n – 1)

A= 10,000.00(.10(1+.10) ^3 / (1+.10) ^3 – 1)

A= 10,000.00(.10(1.10) ^3 / (1.10) ^3 – 1)

A= 10,000.00(.10(1.331) / (1.331 – 1)

A= 10,000.00(.1331 /.331)

A= 10,000.00(4.0211)

**A= 4,021.15**

**FACTORES DE INTERÉS**

A=P (A / Pin)

A=10,000.00(.40211)

**A=4,021.10**

**EJERCICIOS 5**

1. Se compra una máquina de $20,000.00 y como la adquirimos a crédito, nos cobran un interés de 5% mensual y la pagaremos en 7 pagos iguales, ¿Cuánto se tiene que pagar cada mes?

2. Si se obtiene un préstamo de $33,000.00, ¿Cuánto se paga mensualmente en 8 cantidades iguales? Si se utiliza una tasa de interés de 20% mensual.

3. Se depositan $42,000.00, y la institución bancaria, ofrece un 20% de interés anual. ¿De qué cantidad serian 9 retiros de la misma cantidad, cada año?

4. Encontrar el valor de A, si P es de $14,000.00, n es de 10 años y i es de 11%

5. ¿Cuántos ingresos anualmente se obtienen? Al invertir $27,000.00 con una tasa de interés de 7% durante 5 años

### 1.2.2.4 EJEMPLO: RELACIÓN DE UN VALOR PRESENTE CON UNA SERIE UNIFORME DE FLUJOS DE EFECTIVO.

¿Qué monto necesito depositar en una cuenta que paga el 10% de interés anual para poder hacer tres retiros anuales de $4,021.15

**FORMULA**

P=A((1+i) ^n – 1 / i(1+i) ^n)

P=4,021.15((1+.10) ^n – 1 / .10(1+.10) ^3)

P=4,021.15((1.10) ^3 – 1 / .10(1.10) ^3)

P=4,021.15((1.331 – 1 / .10(1.331)

P=4,021.15(.331 /.1331)

P=4,021.15(2.4869)

**P=10,000.20**

**FACTORES DE INTERÉS**

A=P (A / Pin)

P=4,021.15(2.4869

**P=10,000.19794**

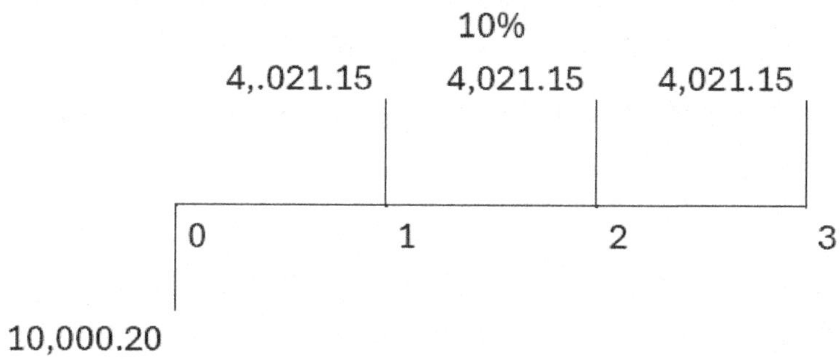

## EJERCICIOS 6

1. Si se reciben $3,456.40 mensualmente, y se trabaja con un interés del 5% y un tiempo de períodos de 7 ¿Cuánto fue la inversión?

2. Buscar el valor Presente, si A = $8,600.13, i = 20% y n = 8.

3. Valor de un artículo a crédito si se paga un interés mensual de 20% y se deben pagar 9 pagos de $10,419.36.

4. Si me cobran 10 pagos iguales, durante 10 meses y se me comunica que existe un interés mensual de 11%, ¿De cuánto es mi deuda hoy?

5. A= $6,582.60 I=7% Y N=5, ¿Cuánto vale P?

## CONCEPTOS CLAVE

**Interés compuesto:** Interés de un capital al que se van acumulando sus intereses para que produzcan otros (los intereses generan más intereses) y permite la capitalización de intereses periódicamente, cada periodo.

**Presente:** Valor en este momento de una cantidad que se recibe o paga en el futuro.

**Futuro:** Es la cantidad final de dinero que se obtendrá o pagará de una inversión o deuda en una determinada cantidad de tiempo.

**Anualidad:** Pago o ingreso que se lleva a cabo regularmente en un período de tiempo.

**Serie uniforme:** Son pagos periódicos iguales y se conoce como anualidad. Se identifica con la letra A, pero pueden ser no solo anuales, sino también mensuales, bimestrales, trimestrales, etc.

**Diagrama de flujo de efectivo:** Es la representación gráfica de las entradas y salidas de efectivo de un negocio.

# PARTE 2
# GRADIENTES

## 2.1 GRADIENTE ARITMETICOS

**GRADIENTE**, ES EL AUMENTO GRADUAL Y CONSTANTE EN LOS FLUJOS DE EFECTIVO.

**GRADIENTE ARITMETICO.** SON UNA SERIE DE PAGOS PERIÓDICOS EN LOS CUALES CADA PAGO ES IGUAL AL ANTERIOR MAS UNA CANTIDAD UNIFORME.

AQUÍ VEMOS COMO CALCULAR VALORES ANUALES Y PRESENTE EN UN PROYECTO CON GRADIENTE.

$$PT=PA + PG$$

$$AT=A + PG$$

SE ABRE UNA CUENTA DE AHORRO, DEP0SITANDO AL FINAL DEL AÑO 1 $5,000.00, AL FINAL DEL AÑO 2 $6,000.00, AL FINAL DEL AÑO 3 $7,000.00, DEL AÑO 4 $8,0000 Y DEL AÑO 5 $9,000.00 SE UTILIZA UNA TASA DE Interés DEL 10%, CALCULAR EL VALOR PARA QUE LOS 5 DEPOSITOS SEAN DE LA MISMA CANTIDAD, Y CALCULAR EL VALOR DE UN DEPOSITO EN EL TIEMPO 0.

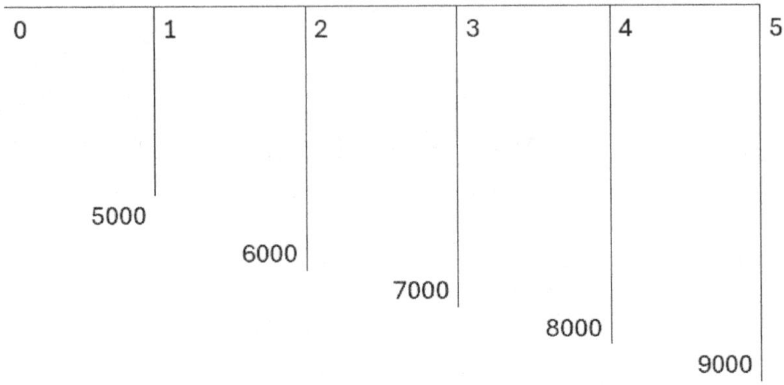


PARA VISUALIZAR EL PROYECTO DE AHORRO CON GRADIENTE PRIMERO DIBUJAMOS EL DIAGRAMA DE FLUJO DE EFECTIVO.

DESPUES LO SEPARAMOS EN DOS PARTES.

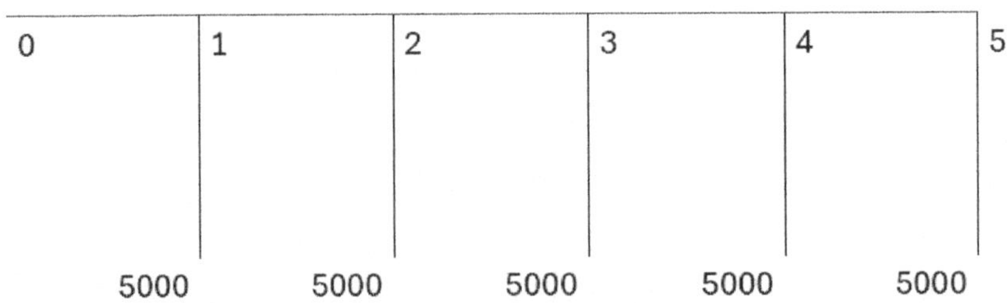


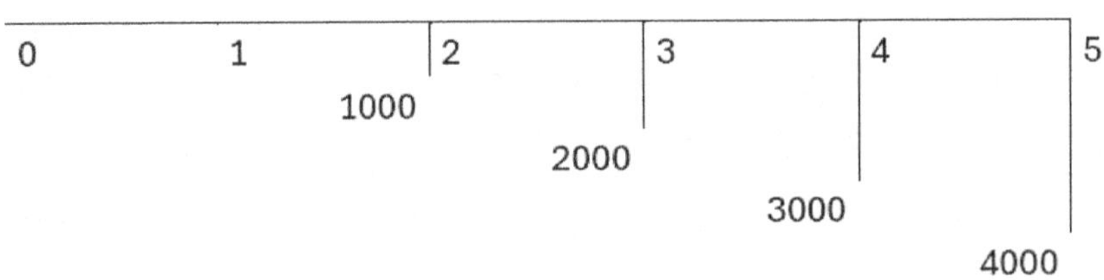

LA PRIMERA PARTE ES UNA SERIE UNIFORME, CALCULAR EL VALOR PRESENTE EQUIVALENTE

**P=A((1+i) ^n – 1 / i(1+i) ^n)**

P=5,000.00((1+.10) ^5 – 1 / .10(1+.10) ^5)

P=5,000.00((1.10) ^5 – 1 / .10(1.10) ^5)

P=5,000.00((1.61051) – 1 / .10(1.61051))

P=5,000.00(.61051 /.161051)

**PA=18,953.93385**

CON LA SEGUNDA PARTE SE CALCULA EL VALOR ANUAL DEL GRADIENTE

CALCULAR EL VALOR PRESENTE DEL GRADIENTE

**P = G/i [(1+i) ^n – 1/i(1+i) ^n – n/(1+i) ^n]**

P = 1000/.10 [(1+.10) ^5 –1/.10(1+.10) ^5 – 5/ (1+.10) ^5]

P = 10000 [(1.61051 – 1/.10(1.61051) – 5/ (1.61051)]

P = 10000 [(.61051/.161051) – 3.104606615]

P = 10000(3.790724677 - 3.104606615)

P=10000) (.686118062)

**PG=6,861.18062**

VALOR PRESENTE TOTAL SE OBTENDRÁ DE SUMAR

PA+PG

18953.93385+6,861.18062

**P= 25,815.11447**

En este caso podremos ver que es equivalente hacer depósitos de $5,000.00, $6,000.00, $7,000.00, $,8000.00 y $9,000.00 en los cinco años que depositar al inicio en el año 0 $25,815.11447

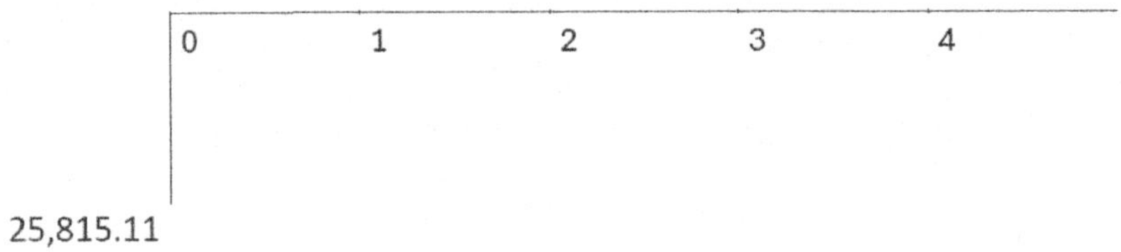


TOMANDO EN CUENTA LO VISTO CON LA PRIMER PARTE CALCULAR EL VALOR ANUAL EQUIVALENTE, PERO SOLO SE CALCULA LA ANUALIDAD DE GRADIENTE Y SE LE SUMA A LA ANUALIDAD QUE ESE DATO YA LO TENEMOS

$$AG= G[(1/i)- n/ (1+i)\ ^\wedge n -1]$$

$$AG= 1000[(1/.10) - 5/ (1+.10)\ ^\wedge 5 -1]$$

$$AG= 1000[(10 - 5/1.61051 -1]$$

$$AG= 1000[(10 - 5/.61051]$$

$$AG= 1000[(10 - 8.18987404$$

$$AG= 1000[(1.81012596)]$$

$$\mathbf{AG= 1,810.12596}$$

$$AT= A+AG$$

$$AT =5000 + 1810.12596$$

$$\mathbf{AT =\$\ 6,810.12596}$$

Ahora también visualizamos que también es equivalente hacer cinco depósitos anuales iguales de$ 6,810.12596

| 0 | 1 | 2 | 3 | 4 | 5 |
|---|---|---|---|---|---|
| | 6,810.13 | 6,810.13 | 6,810.13 | 6,810.13 | 6,810.13 |

Comprobación utilizando factores de interés compuesto se calculará el valor futuro tanto del valor presente, como el del valor anual.

F=P(F/Pin)

F=25,815.11447(1.6105)

**F=$41,575.24185**

F=A(F/Ain)

F=6,810.13(6.1051)

**F=$41,576.50**

**VEAMOS CON FORMULA DE GRADIENTES**
**EL CALCULO DEL VALOR FUTURO**

FG= G[(1/i) ((1+i) ^n -1 / i -n

FG= G [(1/.10) ((1-+10) ^n -1 / .10)-5

FG= G [(10) ((1.61051 -1 / .10)-5

FG= G [(10).61051 / .10) -5

FG= G [(10) (6.1051) -5

FG= G [(10) (1.1051)

**FG= $11051.00**

F=A((1+i) ^n – 1 / i)

F=5,000.00((1+.10) ^5 – 1 / .10)

F=5,000.00((1.10) ^5 – 1 / .10)

F=5,000.00((1-61051 – 1 /.10 i)

F=5,000.00((.610511 / .10)

F=5,000.00(6.10511)

F=30,525.50

FT=FG+FA

FT= 11,051.00 + 30,525.5

**FT= $41,576.55**

TENEMOS LOS SIGUIENTES FLUJOS DE EFECTIVO

AÑO 1 -$6,000.00, AÑO 2 -$5,000.00, AÑO 3 -$4,000.00 Y AÑO 4 -$3,000.00

UTILIZAREMOS UN 10%.

EN ESTE CASO HAY QUE TOMAR EN CUENTA LOS SIGNOS

EN EL CASO ANTERIOR SEGUIMOS AL PIE DE LA LETRA LOS DATOS DE LA FORMULA Y NO HAY PROBLEMA EN EL USO DE LOS SIGNOS PORQUE ESTAMOS BUSCANDO LA EQUIVALENCIA, EL VALOR ES LO MISMO SI LOS DATOS SON POSITIVO O NEGATIVOS.

EN ESTE PROBLEMA VEMOS LO SIGUIENTE:

ES UN CASO CON GRADIENTE, PERO ES EN FORMA DESCENDENTE

Y LAS FORMULAS Y LOS FACTORES DE GRADIENTES ESTAN DISEÑADO PARA TRABAJAR CON GRADIENTES QUE VAN EN ASCENSO.

EMPECEMOS DIBUJANDO NUESTROS DIAGRAMAS DE FLUJO DE EFECTIVO Y CALCULEMOS EL VALOR ANUAL EQUIVALENTE Y EL VALOR PRESENTE EQUIVALENTE.

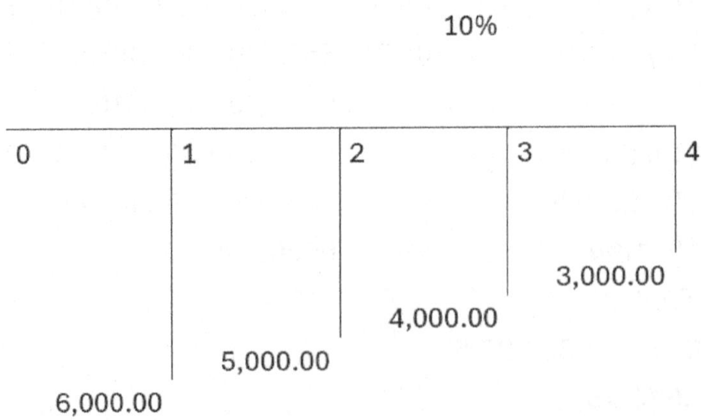

COMO NO SE PUEDE TRABAJAR ASI ENTONCES SEPAREMOS EN DOS PAR PODER TRABAJAR CON EL GRADIENTE.

UNA SERIE UNIFORME CON EL PRIMER VALOR DE GASTOS

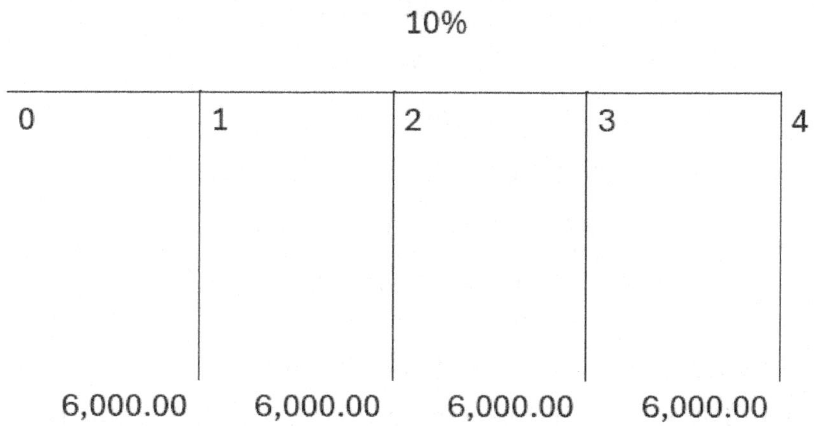


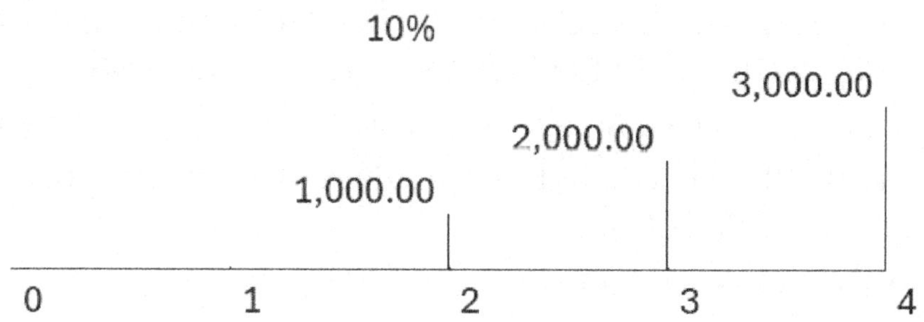


Y UN DIAGRAMA CON UN GRADIENTE EN ASCENSO QUE ES LA DIFERENCIA DEL FLUJO ANUAL, AL TENER UN GRADIENTE EN ASCENSO, AHORA SI PODEMOS TRABAJAR, PERO UTILIZANDO BIEN LOS SIGNOS.

AT= -A + AG

AT= -6,000.00 + 1,000.00(A/Gin)

AT= -6,000.00 + 1,000.00(1.3812)

AT = -6000.00 + 1381.20

AT=-$4,618.80

PT= -PA + PG

PT = -A(P/Ain) + G(P/Gin)

PT = -6000.00(3.1699) + 1,000.00(4.3781)

PT = -19,019.40 + 4,378.10

**PT = -14,641.30**

POR LO TANTO, ES EQUIVALENTE.

HACER DEPOSITOS DE 6,000.00, 5,000.00, 4,000.00 Y 3,000.00

ES EQUIVALENTE TENER 4 DEPOSITOS ANUALES DE 4,618.80

ES EQUIVALENTE HACER UN DEPOSITO EN EL TIEMPO CERO, VALOR PRESENTE DE **14,641.30**

COMPROBEMOS SU VALOR FUTURO TANTO DEL VALOR PRESENTE Y EL VALOR ANUAL Y TAMBIEN SERA EQUIVALENTE.

VEREMOS QUE SU FUTURO SERA IGUAL.

F=P(F/Pin)

F= 14,641.30(1.4641)

**F = 21,436.33**

F=A(F/Ain)

F= 4,618.80(4.6410)

**F= 21,435.85**

**GRADIENTE GEOMETRICO.** SON SERIES PERIODICAS DE PAGOS QUE VARIAN DE UNO A OTRO EN UN MISMO PORCENTAJE.

DE QUE VALOR SERIA MI INVERSION HOY SI QUIERO HACER PAGOS ANUALES DE $5,000.00, PERO TOMANDO EN CUENTA QUE LAS ESTADISTICAS DE LOS ULTIMOS AÑOS DICE QUE LA TASA DE INFLACIÓN ES DEL 8%, LA INVERSION SE HARÍA EN UNA INSTITUCION QUE PAGA EL 6%

**LA FORMULA QUE SE USA CUANDO LAS TASAS DE INTERÉS E INFLACIÓN SON DISTINTAS.**

**P=A [(1 – (1+J) ^n /(1+i) ^n / (I – j)**

P=5.000.00[(1 – (1+.08) ^9 / (1+.06) ^9 / (.06 – .08)

P=5,000.00[(1 – 1.999 /1.689 / (-.02)

P=5,000.000(1-1.1835) /-.02

P= 5,000.00(-.1835/-.02)

P=5,000.00(9.175)

**P=$45,875.00**

CON LOS MISMOS DATOS, SOLO QUE SE INVIERTE EN OTRA INSTITUCION QUE PAGA EL 8% DE Interés

**SE USARÁ LA SIGUIENTE FORMULA QUE ES CUANDO LAS TASAS DE INTERÉS E INFLACIÓN SON IGUALES.**

P=na/1+j

P= 9(5,000.00) / 1+.08

P=45,000 / 1.08

**P=$41,666.67**

# PARTE 3
# USO DE LAS FORMULAS DE VARIAS FORMAS

Como información adicional, diremos que un valor presente y un valor futuro son equivalentes o digamos de igual valor cuando se encuentren en el mismo tiempo o periodo, de p1 hasta fn-1 tomando un valor p para trabajar hacia la derecha o sea buscar un valor posterior y tomando un valor futuro para trabajar hacia la izquierda o sea buscar un valor anterior.

**SE PRESENTAN LOS SIGUIENTES FLUJOS DE EFECTIVO**

AÑO 1 $100.00, AÑO 2 $200.00, AÑO 3 $300.00, AÑO 4, $500.00, AÑO 5 $400,.00 AÑO 6 $400.00 AÑO7 $400.00 Y AÑO 8 $400.00 CON UN 10% DE INTERÉS.

**BUSCAR EL VALOR PRESENTE:**

Como todos los flujos son diferentes, una opción sería traer cada uno de los valores al tiempo presente y sumarlos.

LA FORMULA ES P=F/(1+i) ^n

| | | | |
|---|---|---|---|
| P=100/(1+.10) ^1 | =100/(1.10) ^1 | =100/1.10 | = 90.90 |
| P=200/(1+.10) ^2 | =200/(1.10) ^2 | =200/1.21 | =165.289256 |
| P=300/(1+.10) ^3 | =300/(1.10) ^3 | =300/1.331 | =225.39444 |
| P=500/(1+.10) ^4 | =500/(1.10) ^4 | =500/1.4641 | =341.506728 |
| P=400/(1+.10) ^5 | =400/(1.10) ^5 | =400/1.61051 | =248.368529 |
| P=400/(1+.10) ^6 | =400/(1.10) ^6 | =400/1.771561 | =225.789572 |
| P=400/(1+.10) ^7 | =400/(1.10) ^7 | =400/1.9487171 | =205.263247 |
| P=400/(1+.10) ^8 | =400/(1.10) ^8 | 400/2.14358881 | =186.602952 |

EL RESULTADO ES $ **1,689.114483**

OTRA OPCIÓN SERIA, PARTIR EL PROBLEMA EN DOS DE 0 A 4 AÑOS Y DE 4 A 8 AÑOS, ASI TENDRIAMOS UNA SERIE UNIFORME CON 4 FLUJOS IGUALES:

P=A (P / Ain) P=A((1+i) ^n – 1 / I(1+i) ^n)

P=A (P / Ain) P=400((1+.10) ^4 – 1 / .10(1+.10) ^4)

P=A (P / Ain) P=400((1.10) ^4 – 1 / .10(1.10) ^4)

P=A (P / Ain) P=400((1.4641 – 1 / .10(1.4641)

P=A (P / Ain) P=400(.4641 /.14641)

P=A (P / Ain) P=400(3.169865446)

P=A (P / Ain) P=1,267.946179

AQUI EL VALOR PRESENTE EN TIEMPO 4 ES DE 1,267.946179

TOMANDO EN CUENTA QUE EL VALOR P4 ES EQUIVALENTE AL VALOR F4

LO TRASLADEAMOS A SU VALOR PRESENTE EN TIEMPO 0

P = F /(1+i) ^n

P = 1,267.946179 / (1+.10) ^4

P = 1,267.946179 / (1.10) ^4

P = 1,267.946179 /1.4641

P= 866.0243006

A ESTO LE SUMAMOS LOS PRIMEROS CUATRO VALORES PRESENTES Y TENEMOS

**1,689.114725**

CON UNA PEQUEÑA DIFERENCIA POR REDONDEO DE DECIMALES DE 0.000242.

## INTERÉS NOMINAL E INTERÉS EFECTIVO

EL INTERÉS NOMINAL ES EL INTERÉS CON QUE SE ACUERDA UNA NEGOCIACION CON INTERRES GENERALMENTA A UN AÑO, PERO RESULTA QUE LOS PAGOS SE HACEN EN OTROS PERIODOS, COMO BIMESTRES, MESES ETC,

EJEMPLO. SUPONGA QUE SE NECESITAN $1,000.00 Y EL BANCO NOS LO PRESTA CON UN INTERÉS DEL 12% ANUAL, PERO EN EL BARRIO DONDE VIVO HAY UNA PERSONA QUE PRESTA DINERO Y POR LA MISMA CANTIDAD ME COBRA EL 1% MENSUAL.

NOS PREGUNTAMOS CUAL ES LA MEJOR OPCIÓN Y PODEMOS CONCLUIR QUE ES LO MISMO, PORQUE EL AÑO TIENE 12 MESES, PERO VEAMOS.

F=P(1+i) ^n

F(B)=1,000.00(1+.12) ^1

F(B)=1,000.00(1.12) ^1

F(B)= 1,000.00(1.12)

**F(B)=1120**

F=P(1+i) ^n

F(P)=1,000.00(1+.01) ^12

F(P)=1,000.00(1.01) ^12

F(P)= 1,000.00(1.126825)

**F(P)=1126825**

CON LOS RESULTADOS CALCULE EL INTERÉS EFECTIVO.

F. PERSONA-P/P

1126.82-1000/1000

126.82/1000

126.82

EL INTERÉS EFECTIVO SERÁ 12.68

.68 MAS ES LO QUE SE PAGARIA Y LO MISMO PASA CON LAS TARJETAS DE CREDITO, CONTRATAMOS A UNA TASA DE Interés ANUAL, PERO LOS PAGOS SON MENSUALES.

UNA TARJETA DE CRÉDITO COBRA EL 16.5% CALCULAR LA TASA EFECTIVA.

i= (1+. i/12) ^12-1

i= (1+.165/12) ^12-1

i= (1+.01375) ^12-1

i=1.178068 – 1

i=.178068

i=17.8068

## INTERÉS NOMINAL E INTERÉS REAL.

EL INTERÉS REAL E INTERÉS EFECTIVO SON RELATIVAMENTE EQUIVALENTES, SOLO QUE EN EL INTERÉS EFECTIVO, NOS REFERIMOA A UN PLAZO DE UN AÑO Y EN EL REAL PUEDE VARIAR DE UN TRIMESTRE, SEMESTRE ETC.

SE SOLICITA AL BANCO UN PRESTAMO. Y SE LE PROPORCIONA, PERO LA INSTUCION OTORGA 6 MESES PARA PAGARLO CON UN INTERÉS DEL 1.5%, ENTONCES LA

PERSONA RECIBE EL PRESTAMO MENOS LOS INTERÉSES GENERADOS. VISUALIZAR EL INTERÉS REAL.

CALCULAMOS LOS INTERÉSES

F= P (1+. i) ^n

F= 10,000.00(1+.015) ^6

F= 10,000.00(1.015) ^6

F=10,000.00(1.093443)

**F=10,934.43**

SI EL VALOR FUTURO SON 10,934.43 LE RESTAMOS EL VALOR PRESENTE PARA SABER EL INTERÉS QUE SE GENERA.

10,934.43-10,000.00 EL INTERÉS ES DE 934.43

SI SE ENTREGA EL PRESTAMO MENOS LOS INTERÉS 10,000.00 – 934.43 SE LE ESTARIAN ENTREGANDO $9,065.57

CALCULAR EL INTERÉS REAL, PORQUE ESTE TIPO DE TRANSACCIÓN NO SE LLEVA A CABO EN UNA INSTITUCION FINANCIERA, PORQUE ESTARIAN COBRANDO UN INTERÉS MAYOR.

9,065.57(1+Ir) ^6 = 10,000.00

(1+Ir) ^6 = 10,000.00/9,065.57

(1+Ir) ^6 = 1.1031

Raíz 6 a ambas cantidades

1+IR=1.01648

IR= 1.01648 – 1

IR =.01648

**IR = 1.648%**

# ANÁLISIS Y EVALUACIÓN DE PROYECTOS

# PARTE 4
# PROYECTO

Es un conjunto de actividades que se llevan a cabo para lograr un objetivo utilizando recursos que a su vez tienen algunas limitaciones como tiempo, costo y calidad. a su vez para nombrar un proyecto

DEBE TENER UN PRINCIPIO Y UN FIN SER UN ESFUERZO UNICO E IRREPETIBLE, DEBE COORDINAR ACTIVIDADES DE DIVERSAS ESPECIALIDADES

TENER UNA RELATIVA COMPLEJIDAD

TENER UN MARCO DE REFERENCIA RESPECTO A LOS OBJETIVOS, RECURSOS Y LIMITACIONES

Y UNA RESPONSABILIDAD POR LA INTEGRIDAD FISICA Y MORAL DE LOS IMPLICADOS.

Es esta parte se verán los procedimientos para comparar cantidades equivalentes y poder tomar decisiones adecuadas a los resultados obtenidos de acuerdo con las alternativas que se presenten.

Los métodos para emplear serán:

METODO DE VALOR ANUAL EQUIVALENTE

METODO DEL VALOR PRESENTE

METODO DE LA TASA INTERNA DE RENDIMIENTO

## 4.1 MÉTODO DEL VALOR ANUAL EQUIVALENTE

En este método todos los ingresos y gastos que ocurran en un período son convertidos a una anualidad equivalente uniforme. y se puede usar en un proyecto individual o en una serie de alternativas mutuamente exclusivas.

### 4.1.1 ANÁLISIS Y EVALUACIÓN DE UN PROYECTO INDIVIDUAL

LA FORMULA A USAR ES LA SIGUIENTE

VAE=S – {(P-F) (i(1+i) ^n /(1+i) ^n – 1). + F(i%)}

Se compra una automóvil con un valor de $500,000.00 para emplearlo en taxi por aplicación y se obtendrán ingresos anuales por $250,000.00 el auto se deprecia en cuatro años y se trabaja con un interés del 20%

**FORMULA**

VAE=S – {(P-F) (i(1+i) ^n /(1+i) ^n – 1). + F(i%)}

VAE= VALOR ANUAL EQUIVALENTE

P= VALOR PRESENTE

S= VALOR NETO DEL FLUJO ANUAL

I= TASA DE Interés O TREMA

F= VALOR DE RESCATE

N= PERIODOS DE TIEMPO

Una regla en la ingeniería económica es que si el resultado es positivo el proyecto se acepta

**VEAMOS.**

VAE=S – {(P-F) (i(1+i) ^n /(1+i) ^n – 1). + F(i%)}

VAE=250,000 – {500,000 (.20(1+.20) ^4 / (1+.20) ^4 – 1) +0(.20%)}

VAE=250,000 – {500,000 (.20(1.20) ^4 / (1.20) ^4 – 1) +0(.20%)}

VAE=250,000 – {500,000 (.20(2.0736) /2.0736 – 1) +0(.20%)}

VAE=250,000 – {500,000 (0.41472 / (1.0736) +0}

VAE = 250,000 – 500,000.00(0.38628912)

VAE = 250.000 – 193.144.56

VAE = 56,855.43964

EL RESULTADO ES POSITIVO EL PROYECTO SE ACEPTA,

PERO VEAMOS QUE LOS INGRESOS ANUALES SON SOLO DE $200,000.00

VAE=S – {(P-F) (i(1+i) ^n /(1+i) ^n – 1). + F(i%)}

VAE=200,000 – {500,000 (.20(1+.20) ^4 / (1+.20) ^4 – 1) +0(.20%)}

VAE=200,000 – {500,000 (.20(1.20) ^4 / (1.20) ^4 – 1) +0(.20%)}

VAE=200,000 – {500,000 (.20(2.0736) /2.0736 – 1) +0(.20%)}

VAE=200,000 – {500,000 (0.41472 / (1.0736) +0}

VAE =200,000 – 500,000.00(0.38628912)

VAE =200.000 – 193.144.56

VAE =**6,855.43964**

Continuando con el mismo criterio, por ser positivo el resultado de netear los ingresos y gastos el proyecto se acepta, ahora la pregunto que me haría ¿yo lo aceptaría? porque el beneficio es muy bajo., entonces lo ideal es usar un trema( tasa de rendimiento mínima aceptada), en lugar de una tasa de interés comercial, y la cual se calcularía la siguiente manera trema=i + f + I (tasa de interés + tasa de inflación + la multiplicación de tasa de interés tasa de inflación), pero lo que ocurre es que cada empresa de acuerdo a los siguientes criterios a)capacidad económica de la empresa, b) tasa de inflación y c) riesgo del proyecto, de tal modo que aun y cuando el resultado sea muy bajo se aceptara siguiendo el criterio.

### VAE UTILIZANDO LOS FACTORES DE INTERÉS COMPUESTO

$$VAE = S -\{P-F) (A/PIN) + F(i\%)\}$$

$$VAE = 250{,}000 - \{(500{,}000-0)(0.3863) + 0\}$$

$$VAE = 250{,}000 - 193{,}150$$

$$VAE = \mathbf{56{,}850}$$

### 4.1.2 SELECCIÓN DE ALTERNATIVAS MUTUAMENTE EXCLUSIVAS

Aquí la selección puede ser de varias formas a) cuando se pueden conocer los ingresos y los gastos, b) cuando solo se conocen los gastos y c) cuando las vidas de las alternativas son diferentes.

### 4.1.2.1 EJEMPLO DE CUANDO SE CONOCEN LOS INGRESOS Y LOS GASTOS

En este caso se escoge como mejor alternativa la que del mayor valor anual equivalente.

## UTILIZAREMOS LA TABLA DE FACTORES DE INTERÉS COMPUESTO

Compraremos un automóvil que no generara ahorros anuales y tenemos dos alternativas viables, trabajando con un trema del 20%

Carro a cuesta 350,000 y tiene una vida de 4 años y tiene un valor de rescate de 100,000 y nos da ahorros de 150,000.00 anuales

Carro b cuesta 250,000 y tiene una vida de 4 años y no tiene valor de rescate y nos da ahorros de 75,000 anuales

$$VAE = S -\{\{P-F) (A/PIN) + F(i\%)\}$$

$$VAE =1\,50{,}000 - \{(350{,}000-100{,}000)\ (0.3863) + 100{,}000(.20)\}$$

$$VAE = 150{,}000 - (96{,}575.00 + 20{,}000.00)$$

$$VAE = 150000.00-116575.00$$

$$VAE = 33{,}425{,}.00$$

$$VAE = S -\{P-F) (A/PIN) + F(i\%)\}$$

$$VAE = 75{,}000.00 - \{(250{,}000.00-0)\ (0.3863) + 0\}$$

$$VAE = 75{,}000.00 - (96{,}575.00)$$

$$VAE = \mathbf{-21{,}575.00}$$

La alternativa a es la mejor alternativa por tener el mayor valor anual equivalente, aunque se hace la siguiente mención la alternativa b es negativa así que automáticamente es rechazada.

### 4.1.2.2 EJEMPLO DE CUANDO SOLO CONOCEN LOS GASTOS

En este caso se escoge como mejor alternativa la que del menor valor anual equivalente y se utiliza la misma fórmula con un pequeño cambio.

La formula cuando conocemos los ingresos y gasto tenemos nuestro flujo anual(ingreso) y le restamos el costo ocasionado

$$VAE = S - \{\{P-F) (A/PIN) + F(i\%)\}$$

EN LA FORMULA CUANDO SOLO CONOCEMOS LOS COSTOS CAMBIAMOS EL SIGNO DE NEGATIVO A POSITIVO ENTONCES TENDREMOS FLUJO ANUAL(GASTO)+ EL COSTO OCASIONADO

$$VAE = S + \{\{P-F) (A/PIN) + F(i\%)\}$$

Se necesita comprar una máquina para tortillas que pueda fabricar diferentes tipos de tortillas, y tenemos dos alternativas la Máquina X y la Máquina Y ambas duran 5 años, y se trabaja con un trema de 25%

La máquina X tiene un costo de $600,000.00, gastos anuales de $200,000.00 y un valor de rescate de 100,000.00.

La máquina Y tiene un costo de 1,000,000, gastos anuales 80,000 y un valor de rescate de 150,000.00

$$VAE = S + \{\{P-F) (A/PIN) + F(i\%)\}$$

$$VAE = 200,000 + \{(600,000-100,000) (0.37185) + 100,000(.25)\}$$

$$VAE = 200,000 + \{(500,000.00) (0.37185) + 100,000(.25)\}$$

$$VAE = 200,000 + (185,925.00 + 25,000.00)$$

$$VAE = 200,000.00 + 210,925.00$$

$$VAE = 410,925$$

$$VAE = S - \{P-F) (A/PIN) + F(i\%)\}$$

$$VAE = 80{,}000.00 + \{(1{,}000{,}000.00-150{,}000)\ (0.37185) + 150{,}000(.25)\}$$

$$VAE = 80{,}000.00 + \{(850{,}000.00)\ (0.37185) + 150{,}000(.25)\}$$

$$VAE = 80{,}000.00 + \{316{,}072.50 + 37{,}500.00\}$$

$$VAE = 80{,}000.00 + 353{,}572.5$$

$$VAE = -433{,}572.50$$

En este ejemplo la mejor opción es la máquina X, porque tiene menor valor anual equivalente.

Aclaración. Cuando se trabaje con un proyecto individual y solo se conocen los costos se aceptará, porque es respaldado por toda la operación de la empresa.

Digamos, que en las orillas de la ciudad se tiene la empresa, y se necesita una unidad de transporte, la cual se tiene que adquirir o rentar, para llevar y traer al personal, esto solo originaria gastos, la renta o valor de la unidad, gasolina, sueldo de chofer, etc. En fin, solo gastos, pero se necesita el servicio

### 4.1.2.3 EJEMPLO CUANDO LA VIDA DE LAS ALTERNATIVAS ES DIFERENTE

Hay dos alternativas para comprar una máquina para la producción de determinada área.

La alternativa a necesita una inversión de $1,000,000.00, con gastos anuales de 300,000.00, una vida de 5 años y tiene un valor de rescate por 200,000.00.

La alternativa b necesita una inversión de $1,800,000.0,0 con gastos anuales de $120,000.00, una vida de 10 años y un valor de rescate por $200,000.00

En ambos casos se utiliza un trema de 25%

COMO SOLO SE CONOCEN LOS COSTOS USAREMOS LA FORMULA ASI:

S + {(P – F) (A/Pin) + F(i%)}

VAE(A) = 300,000.00 + {(1,000,000.00-200,000.00) (A/Pin) + 200,000.00(.25)}

VAE(A) = 300,000.00 + {(800,000.000) (.37185) + 200,000(.25)

VAE(A) = 300,000.00 + (297,480.00 + 50,000.00)

VAE(A) =300,000.00 + 347,480.00

VAE(A) =647,480.00

VAE(B) = 120,000.00 + {(1,800,000.00-200,000.00) (A/Pin) + 200,000.00(.25)}

VAE(B) = 120,000.00 + {(1,600,000.000) (.28007) + 200,000(.25)

VAE(B) = 120,000.00 + (448,112 + 50,000.00)

VAE(B) = 120,000.00 + 498,112

VAE(B) =618,112.00

LA MEJOR OPCIÓN ES LA ALTERNATIVA B, PORQUE TIENE EL MENOR COSTO

Quizá nos preguntemos ¿por qué? si son de diferente tiempo de vida.

Si nos basamos en otros factores puede ser que no sea la mejor, pero en ingeniería económica si, sabemos de antemano que dos máquinas de 5 años de vida me darán el servicio de la de 10 años, pero también tenemos claro que al hacerlo así podemos tener una mejor aplicación, ya que en 5 años la tecnología avanza y la máquina de 5 años puede tener varias ventajas, aun así, veamos en condiciones normales que pasa, si compramos dos máquinas con vida a 5 años cada una,

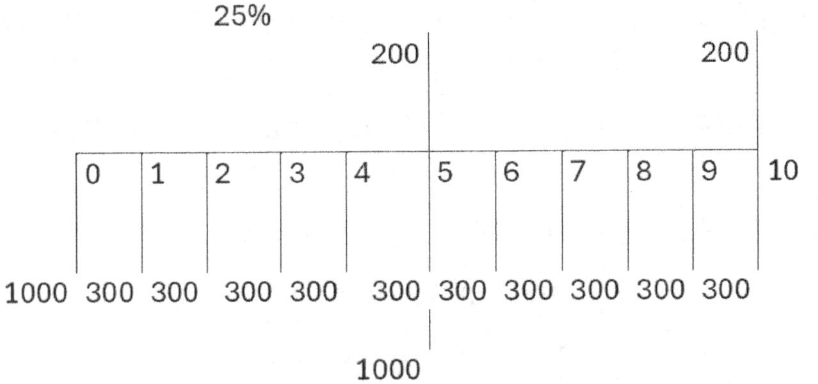


VALOR ANUAL = 1000000(A/Pin) +800000(P/Fin) (A/Pin) +300000-200000(A/Fin)

10 5 10 10

VALOR ANUAL = 1000000(.28007) + 800000(.3277) (.28007) + 300000 – 200000(.03007)

VALOR ANUAL =280.070.00 + 73,423.1512 + 300,000.00 + 6,104.00

VALOR ANUAL= 647,389.1512

Entonces se comprueba que no importan los años de vida que tengan los proyectos, porque se está calculando el valor de cada año.

### 4.1.2.4 TAMBIÉN SE CONSIDERAN PROYECTOS DE TIEMPO INFINITO

$$VAE = S + P(I\%)$$

VAE = Es el valor anual equivalente

S = Es el flujo anual o gasto

P= Es la inversión

I= Es el TREMA

En este tipo de proyectos no se conocen los ingresos, solo los gastos, así como se desconoce el tiempo de vida e incluso no tienen valor de rescate, por ejemplo, la construcción de una carretera, de un puente, de una presa o cualquier obra pública.

En cierto municipio se requiere construir varios puentes peatonales para que los ciudadanos puedan cruzar en forma segura la carretera principal., se pide la cotización a dos constructoras, ALFA Y SIGMA.

ALFA pide una inversión de $2,000,000.00 y se tendrán gastos anuales de operación de 500,000.00.

SIGMA sugiere una inversión inicial de $2,500,000.00 y gastos anuales de 350,000.00

El municipio trabaja con un trema del 20%

ALFA

VAE= S +P(i%)

=500,000.00 + 2,000,000.00(.20)

=500,000.00 + 400,000.00

**=900,000.00**

SIGMA

VAE= S +P(i%)

=350,000.00 + 2,500,000.00(.20)

=350,000.00 + 500,000.00

**=850,000.00**

La mejor alternativa es la de SIGMA porque el costo anual es menor.

## 4.2 VALOR PRESENTE NETO

Determinación la equivalencia en el tiempo presente de todos los flujos de efectivo futuros. Y compararlo con la inversión inicial.

Si el resultado es positivo el proyecto se acepta, si es negativo se rechaza. Trabajando en un proyecto individual, en caso de que tengamos una serie de alternativas mutuamente exclusivas se tomara como la mejor opción la de mayor valor presente.

VPN = -II + F1/ (1+ i) +F2 (1+i) ^2+ F3/(1+i) ^3+ F4/(1+i) ^n+............ +Fn/(1+i) ^n

Cuando haya un valor de rescate, este se considera en el total del flujo de efectivo del último año.

Al usar factores de interés compuesto cuando todos los flujos de efectivo son de la misma cantidad se puede utilizar la formula así:

VPN= -II + A(P/Ain) + F(P/Fin)

EJEMPLO: SE HACE UNA INVERSION DE $100,000.00 Y GENERA INGRESOS ANUALES DE $50,000 EN 4 AÑOS CON UN TREMA DEL 10% Y UN VALOR DE RESCATE DE $20,000.00 ENCONTRAR EL VALOR PRESENTE NETO.

VPN = -II + F1/ (1+ i) +F2 (1+i) ^2+ F3/(1+i) ^3+ F4/(1+i) ^4

VPN = -100,000.00 + 50,000.00/ (1+ .10) +50,000.00/ (1+.10) ^2+ 50,000.00/ (1+.10) ^3+ 70,000.00/ (1+.1) ^4

VPN = -100,000.00 + 50,000.00/ (1.10) +50000.00/ (1.10) ^2+ 50,000.00/ (1.10) ^3+ 70,000.00/ (1.10) ^4

VPN = -100,000.00 + 50,000.00/ 1.10 + 50,000.00 /1.21+ 50,000.00/1.331+ 70,000.00/1.4641

VPN=-100,000.00 + 45,454.54545+41322.31405+37, 565.74005+ 47,810.94188

VPN=-100,000.00+172,153.5414

**VPN= 72,153.5414**

SI LO CALCULAMOS CON LA TABLA DE FACTORES

VPN= -II + A(P/Ain) + F(P/Fin)

VPN=-100,000.00+50,000.00(3.1699) +20.000.00(.6830)

VPN =-100,000.00 + 158,495.00+13,660.00

VPN=-100,000.00 + 172,155.00

**VPN= 72,155.00**

SON LAS DOS FORMAS DE CALCULAR EL VALOR PRESENTE, PERO ES LA PRIMERA LA RECOMENDADA A APRENDER, PORQUE ES BIEN SABIDO QUE LAS EMPRESAS NO TIENEN LA MISMA UTILIDAD TODOS LOS AÑOS.

SI TUVIERAMOS VARIAS ALTERNATIVAS, ESCOGERIAMOS LA MEJOR LA QUE TUVIERA EL MAYOR VPN.

**ALTERNATIVA A**

| INVERSION INICIAL | INGRESOS ANUALES | GASTOS ANUALES | VIDA | TREMA |
|---|---|---|---|---|
| 50,000.00 | 25,000.00 | 5,000.00 | 5 AÑOS | 25% |

VPN = -II + F1/ (1+ i) ^n +F2 (1+i) ^n+ F3/(1+i) ^n+ F4/(1+i) ^n+F5(1+i) ^n

VPN = -II + F1/ (1+ i) ^1 +F2 (1+i) ^2+ F3/(1+i) ^3+ F4/(1+i) ^4+F5(1+i) ^5

VPN(A)=50,000.00+20,000.00/1.25+20,000.00/1.5625+20,000.00/1.953125+20,000.00/2.44140625+20,000.00/3.051757813

VPN(A)=50,000.00+16,000.00+12,800.00+10,240+8,192+6,553.60

VPN(A)=50,000.00+53,785.60

VPN(A)=3,785.60

**ALTERNATIVA B**

| INVERSION INICIAL | INGRESOS ANUALES | GASTOS ANUALES | VIDA | TREMA |
|---|---|---|---|---|
| 90,000.00 | 50,000.00 | 10,000.00 | 5 AÑOS | 25% |

VPN(B)=90,000.00+40,000.00/1.25+40,000.00/1.5625+40,000.00/1.953125+40,000.00/2.4

VPN(B)=90,000.00+32,000.00+25,600.00+20,480+16,384+13,107.20

VPN(B)=90,000.00+107,571.20

VPN(B)=17,571.20

**ALTERNATIVA C**

| INVERSION INICIAL | INGRESOS ANUALES | GASTOS ANUALES | VIDA | TREMA |
|---|---|---|---|---|
| 105,000.00 | 50,000.00 | 7,500.00 | 5 AÑOS | 25% |

VPN(C)=105,000.00+42,500.00/1.25+42,500.00/1.5625+42,500.00/1.953125+42,500.00/2.44140625+42,500.00/3.051757813

VPN(C)=105,000.00+34,000.00+27,200.00+21,760.00+17408.00+13926.40

VPN(C)=105,000.00+114,294.40

VPN(C)= 9,294.40

LA MEJOR ALTERNATIVA SERA LA B PORQUE TIENE UN MAYOR VALOR PRESENTE

### 4.3 TASA INTRENA DE RENDIMIENTO

La tasa de interna de rendimiento es un índice de rentabilidad y está definida como la tasa de interés que baja al valor cero el valor presente y representa el porcentaje o tasa de interés que se gana sobre un saldo no recuperado de una inversión.

Para calcular la TIR lo haremos de dos maneras, se utiliza el método de acierto y error o bien lo podemos hacer en Excel.

Para el método del acierto y error seguiremos usando el método de Valor Presente Neto.

Se compra un automóvil el cual se usará para el transporte por aplicación, la Unidad tiene un costo de $400,000.00 teniendo ingresos anuales de $150,000.00 y un valor de rescate de $100,000.00 y como la Ley de Impuesto sobre la Renta en México se especifica que anualmente se deprecia el 25%, vemos que la duración del proyecto será en 4 años utilizando un 10% de interés. Calcular la TIR de este proyecto.

**10%**

VPN = -II + F1/ (1+ i) +F2 (1+i) ^2+ F3/(1+i) ^3+ F4/(1+i) ^n

VPN = -400,000.00 +150,000.00/ (1+ .10) +150,000.00/ (1+.10) ^2+ 150,000.00/ (1+.10) ^3+ 250,000.00/ (1+.10) ^4

VPN = -400,000.00 + 150,000.00/ (1.10) +150000.00/ (1.10) ^2+ 150,000.00/ (1.10) ^3+ 250,000.00/ (1.10) ^4

VPN = -400,000.00 + 150,000.00/ 1.10 + 150,000.00 /1.21+ 150,000.00/1.331+ 250,000.00/1.4641

VPN= -400,000.00 + 136,363.64+123966.94+112697. 22+170703.36

VPN=-400,000.00+543731.16

**VPN=543,731.16**

**20%**

VPN = -II + F1/ (1+ i) +F2 (1+i) ^2+ F3/(1+i) ^3+ F4/(1+i) ^n

VPN = -400,000.00 +1 50,000.00/ (1+ .20) +150,000.00/ (1+.20) ^2+ 150,000.00/ (1+.20) ^3+ 250,000.00/ (1+.20) ^4

VPN = -400,000.00 + 150,000.00/ (1.20) +150000.00/ (1.20) ^2+ 150,000.00/ (1.20) ^3+ 250,000.00/ (1.20) ^4

VPN = -400,000.00 + 150,000.00/ 1.20 + 150,000.00 /1.44+ 150,000.00/1.728+ 250,000.00/2.0736

VPN= -400,000.00 + 125,000.00+104,166.67+86,805.

56+120.563.27

VPN=-400,000.00+436,535.50

**VPN=36,535.50**

NOTA: EN ESTE METODO DEL ACIERTO Y ERROR ES IRNOS PORCENTAJE POR PORCENTAJE, ESTO ES MUY REPETITIVO, PERO COMPRUEBA QUE SE ESTA TRABAJANDO EN ORDEN, PERO AQUÍ PASMOS DESDE EL 10% A 20% Y ACLARAMOS LO SIGUIENTE. CADA VEZ QUE SE USA UNA TASA DE INTERÉS MAYOR, AUMENTAN LAS POSIBILIDADES QUE EL PROYECTO SEAN NEGATIVO Y SE RECHACE.

**24%**

VPN = -II + F1/ (1+ i) +F2 (1+i) ^2+ F3/(1+i) ^3+ F4/(1+i) ^n

VPN = -400,000.00 +1 50,000.00/ (1+ .24) +150,000.00/ (1+.24) ^2+ 150,000.00/ (1+.24) ^3+ 250,000.00/ (1+.24) ^4

VPN = -400,000.00 + 150,000.00/ (1.24) +150000.00/ (1.24) ^2+ 150,000.00/ (1.24) ^3+ 250,000.00/ (1.24) ^4

VPN = -400,000.00 + 150,000.00/ 1.24 + 150,000.00 /1.5376+ 150,000.00/1.906624+ 250,000.00/2.36421376

VPN= -400,000.00 + 120,967.74+97,554.63+78,673.09+105,743.40

VPN=-400,000.00+402,938.86

**VPN=2,938.86**

COMPROBADO UNA TASA DE INTERÉS MAYOR Y EL VALOR ANUAL ES CADA VEZ MENOR, SE ESTA POR LLEGAR AL VPN= A CERO

**25%**

VPN = -II + F1/ (1+ i) +F2 (1+i) ^2+ F3/(1+i) ^3+ F4/(1+i) ^n

VPN = -400,000.00 +1 50,000.00/ (1+ .25) +150,000.00/ (1+.25) ^2+ 150,000.00/ (1+.25) ^3+ 250,000.00/ (1+.25) ^4

VPN = -400,000.00 + 150,000.00/ (1.25) +150000.00/ (1.25) ^2+ 150,000.00/ (1.25) ^3+ 250,000.00/ (1.25) ^4

VPN = -400,000.00 + 150,000.00/ 1.25 + 150,000.00 /1.5625+ 150,000.00/1,953125+ 250,000.00/2.44140625

VPN= -400,000.00 + 120,000.00+96,000.00+76,800.84+102,400.00

VPN=-400,000.00+395200.84

**VPN=-4,779.16**

LLEGAMOS A 25% Y YA SALIO NEGATIVO EL RESULTADO, LO CUAL NOS INDICA QUE LA TIR ESTA ENTRE EL 24 %Y 25%

POR LO TANTO, HAREMOS UNA INTERPOLACIÓN CON LOS DATOS RESULTANTES DE ESTAS DOS TASAS DE Interés

| | VPN | INTERÉS | |
|---|---|---|---|
| | 2,938.86 | 24% | |
| 7,718.02 | 0 | X | 1 |
| | -4,779.16 | 25% | |

EL TOTAL DE DIFERENCIAS EN VPN ES DE 7,718.02 Y LA DIFERENCIA EN LOS PORCENTAJES ES 1

PODRIAMOS DIVIDIR 2,938.86 ENTRE EL TOTAL 7,718.02 Y EL RESULTADO SE AGREGA AL 24%

2,928.66/7,718.02 = .3808

24+.3808

NUESTRA TIR ES 24.3808

TAMBIEN PODEMOS DIVIDIR 4,779.16 ENTRE EL TOTAL Y EL RESULTADO SE LE RESTA A 25%

4,779.16/7,718.02 = .6192

25- .6192

NUESTRA TIR ES 24.3808

TAMBIEN PODREMOA USAR EXCEL PARA CALCULARLO TOMANDO LOS SALDOOS EN CADA FILA DE LA COLUMNA Y EN LA SIGUIENTE PONER LA FORMULA =TIR(A1:AN)

| | A | B |
|---|---|---|
| 1 | -400,000.00 | |
| 2 | 150,000.00 | |
| 3 | 150,000.00 | |
| 4 | 150,000.00 | |
| 5 | 250,000.00 | |
| 6 | 24.38 | |

ASI SE VERIA EN EXCEL. CELDA A1 LA INVERSION INICIAL (ES NEGATIVA PORQUE ES INVERSIÓN DESPUES EN LAS CELDAS SIGUIENTE LOS FLUJOS QUE SE PRESENTEN EN EL MOMENTO Y LA FORMULA EN LA SIGUIENTE CELDA-

EL RESULTADO DE UNA TIR ALTA SIEMPRE Y CUANDO SEA MAYOR A LA TASA DE INTERÉS O TREMA INICIAL INDICA QUE EL PROYECTO SE ACEPTA.

NOTA: POR CUESTIONES EN EL USO DE DECIMALES PUEDE SER QUE NO DE EXACTAMENTE CERO, PERO LA DIFERENCIA ES MINIMA Y ES POR EL REDONDEO QUE SE PRESENTE

EJEMPLO UTILIZANDO ESA TIR

VPN = -II + F1/ (1+ i) +F2 (1+i) ^2+ F3/(1+i) ^3+ F4/(1+i) ^n

VPN = -400,000.00 +1 50,000.00/ (1+ .243808) +150,000.00/ (1+.243808) ^2+ 150,000.00/ (1+.243808) ^3+ 250,000.00/ (1+.243808) ^4

VPN = -400,000.00 + 150,000.00/ (1.243808) +150000.00/ (1.243808) ^2+ 150,000.00/ (1.243808) ^3+ 250,000.00/ (1.243808) ^4

VPN = -400,000.00 + 150,000.00/ 1.243808 + 150,000.00 /1.547058341+ 150,000.00/1.924243541+ 250,000.00/2.39338951

VPN= -400,000.00 + 120,597.3912+96,958.20515+77,952.71066+104,454.3727

VPN=-400,000.00+399,962.6797

**VPN=37.32029**

EN ESTE CASO NUESTRA TIR DE 24.3808% (DE ACUERDO CON REDONDEOS NOS INDICA QUE ES CASI 0)

**EJEMPLO REAL TOMADO DE UNA TRABAJO DE INVESTIGACION**

UNA PERSONA TOMA LA DESICIÓN DE COMENZAR UN NEGOCIO PROPIO.

Y EVALUA LA OPCIÓN DE PONER UNA EMBOTELLADORA DE AGUA, PARTIENDO COMPLETAMENTE DESDE CERO.

EL NEGOCIO CONSISTE EN TRATAR EL AGUA PARA PURIFICARLA Y REALIZAR EL LLENADO Y SELLADO DE LAS BOTELLAS DE 500 ML. INCLUYENDO SU RESPECTIVA EQTIQUETA, PARA DESPUES DISTRIBUIRLAS A LOS CLIENTES.

**OBJETIVO**

REALIZAR EL ANALISIS DE LOS ASPECTOS ECONÓMICOS SOBRE EL PROYECTO (EMBOTELLADORA DE AGUA), PARA OBSERVAR EL COMPORTAMIENTO QUE EL NEGOCIO PUEDA TENERE DURANTE TRES AÑOS, Y DE ESTA MANERA CONFIRMAR SI ES FACTIBLE Y ASI TOMAR LAS DECISIONES MAS COVENIENTES PARA EL MISMO.

**ALCANCE**

CON RESPECTO A LOS RESULTADOS OBTENIDOS DEL ANALISIS, PROPORCIONAR UN VEREDICTO Y ASI INFLUIR EN LAS DECISIONES DE LA PERSONA QUE QUIERE EMPRENDER SU NEGOCIO.

EL PRODUCTO COMPLETO SE COMPONDRIA POR TAPARROSCA, BOTELLA, ETIQUETA Y EL AGUA.

SU DIAGRAMA DE FLUJO SERIA:

LLENADO Y SELLADO DE LA BOTELLA>>>>> ETIQUETADO>>>>>EMPLAYADO

SE PLANEA REALIZAR EL PROYECTO CON UNA DURACIÓN DE TRES AÑOS, YA QUE SE QUIERE AUTOMATIZAR TODA LA LINEA DE PRODUCCIÓN MAXIMA DE ESE PERÍODO.

## EL PROYECTO

SE COTIZAN LAS MAQUINAS NECESARIAS, LAS CUALES SE MUESTRAN EN LA SIGUIENTE TABLA CON SUS RESPECTIVAS CARACTERISTICAS Y SU COSTO.

## INVERSION INICIAL

| | MAQUINA | FUNCIÓN | COSTO |
|---|---|---|---|
| 1 | ETIEQUETADORA SEMIAUTOMATICA PARA BOTELLA CIRCULAR | ETIQUETA-DORA | $37,932.00 |
| 2 | LLENADORA DE LIQUIDOS SEMIAUTOMATICA CON TAPONERO | LLENADO Y TAPADO | $109,608.40 |
| 3 | PLANTA PURIFICADORA DE 400 GALONES POR DIA. | AGUA | $365,400.00 |

| | | | |
|---|---|---|---|
| 4 | MAQUINA EMPACADORA | EMPACADO | $52,200.00 |
| 5 | CAMIONETA | TRANSPORTE | $365,400.00 |
| | | | $590,631.40 |

SE CALCULAN LOS INGRESOS TOTALES CONSIDERANDO UN CLIENTE SEGURO, EL CUAL COMPRARA 500 BOTELLAS DE AGUA DIARIAS A UN PRECIO DE $5.00 C/U.

| | |
|---|---|
| INGRESOS | 302 DIAS |
| CAPACIDAD DIARIA | 3024 |
| VENTAS NETAS | 500 |
| PRECIO DE VENTA | $5.00 |
| INGRESO DIARIO | $2.500.00 |
| INGRESO TOTAL ANUAL | $755,000.00 |

SE ESTIMAN GASTOS ANUALES QUE SE GENERARIAN AL LLEVAR A CABO LA PRODUCCIÓN DE LAS BOTELLAS DE AGUA Y SU DISTRIBUCIÓN.

| CONCEPTO | GASTO | MENSUALES Y CTOS UNI. |
|---|---|---|
| RENTA | $90.000.00 | 7,500.00 |
| SUELDO (2 OPERADORES) | 96,000.00 | 4,000.00 |
| AGUA PARA PRODUCTO | 22.650.00 | .015*500ML |
| LUZ | 66,000.00 | 5,500.00 |

| | | |
|---|---|---|
| TELEFONO E INTERNET | 4,800.00 | 400.00 |
| MANTEN-IMIENTO MA-QUINAS | 36.000.00 | 3,000.00 |
| BOTELLAS Y TAPAS | 23.850.00 | 1.35 C U |
| ETIQUETAS | 37.750.00 | 0.25 C/ETIQUETA |
| GASOLINA | 12.000.00 | 1,000.00 |
| SEGURO MED-ICO (2 OP.) | 9.600.00 | 800.00 |
| SEGURO CA-MIONETA | 7,000.00 | |
| | $585.650.00 | |

EL PRECIO DE LAS MAQUINAS SEMIAUTOMATICAS DE SEGUNDA MANO ACTUAMENTE ES:

*****ETIQUETADORA SEMIAUTOMATICA $18.000.00

*****LLENADORA DE LIQUIDOS SEMIAUTOMATICA CON TAPONERO $60,000.00

POR LO QUE SE TIENE UN VALOR DE RESCATE DE $78,000.00 AL FINAL DEL PROYECTO.

| | |
|---|---|
| INGRESOS ANUALES | $755,000.00 |
| GASTO ANUAL | 585,650.00 |
| INGRESOS NETOS ANUALES | $169,350.00 |

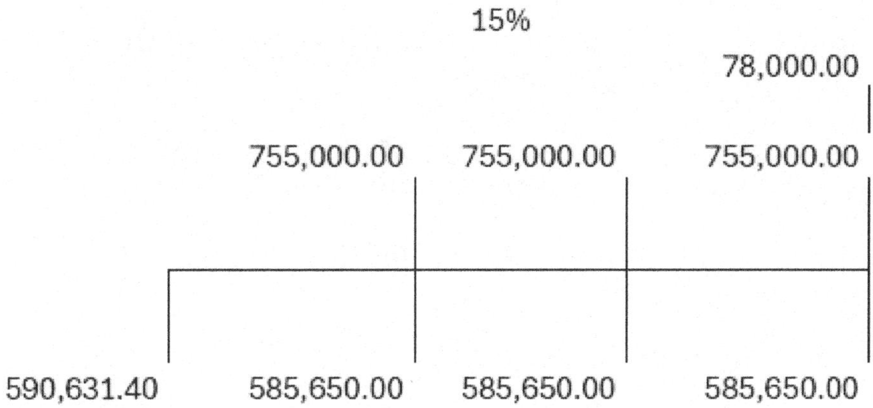


VALOR Interés 15%

VAE=St – {(P-F) (A/Pin) +f(i%)}

VAE = 169,350.00- {(590.631.40 – 78,000.00) (.43798)) + 78,000.00(.15)

VAE= 169,350.00 – {(512,631.40) (.43798) + 11700}

VAE =169,350.00 – (224,522.30 + 11700)

VAE = 169,350.00 – 236,222.30

VAE = - 66,872.30

**CHECANDOLO CON VAE EL PROYECTO SE RECHAZA.**

VPN = -II + F1/ (1+ i) +F2 (1+i) ^2+ F3/(1+i) ^3

VPN = -590,631.40 +169.350.00/ (1+ .15) +169,350.00/ (1+.15) ^2+ 247,3500.00/ (1+.15) ^3

VPN = -590,631.40 +10.00/ (1.15) +169,350.00/ (1.15) ^2+ 247,350.00/ (1.15) ^3

VPN = -590,631.40 +1 50,000.00/ (1.15) +150,000.00/ (1.3225) + 150,000.00/ (1.5209)

VPN= -590,631.40 + 147260.8696 + 128,052.9301 + 162,636.9667

VPN = -590,631.40 + 437,950.7664

VPN= -152,680.6336

**CHECANDOLO CON VPN EL PROYECTO SE RECHAZA**

BIEN, POR LO REGULAR ESTE ES EL CRITERIO QUE UTILIZAMOS, PERO SI SE VIUELVE A REVISAR EL PROYECTO Y SE LE HACEN CAMBIOS RAZONABLES DE ACUERDO CON LA ADMINISTRACIÓN ESTRATEGICA, MERCADOTECNIA Y LA TOMA DE DECISIONES.

SE PUEDE PROPONER OTRO PROYECTO

CON UN AHORRO EN LA INVERSIÓN, ELIMINANDO DOS CONCEPTOS QUE SE PUEDEN REEMPLAZAR POR OTROS QUE NO IMPLIQUEN UNA FUERTE INVERSION INICIAL.

SE GENERAN ESTRATEGIAS DE MARKETING PARA CONSEGUIR UNA MAYOR CANTIDAD DE CLIENTES,

LO CUAN AUMENTARIA LAS VENTAS, GENERANDO MAS INGRESOS.

SE REDUCEN GASTOS QUE SE CONSIDERAN NO INDESPENSABLES PARA AUMENTAR NUESTRO INGRESO NETO.

**INVERSION INICIAL**

| | MAQUINA | FUNCION | COSTO |
|---|---|---|---|
| 1 | ETIQUETADORA | ETIQUETADO | 37.932.00 |
| 2 | LLENADORA CON TAPONEO | LLENADO Y TAPADO | 109,608.40 |
| 3 | 100 CAJAS DE PLASTICO | TRANSPORTAR | 16,472,00 |
| 4 | PLANTA PURIFI-CADORA 400 GALONES DIA-RIOS | AGUA | 25,491.00 |
| 5 | CAMIONETA | TRANSPORTAR | 52,200.00 |
| | | | 241,703.40 |

**ESTRATEGIAS**

DISMINUCIÓN DEL PRECIO DE VENTA DEL PRODUCTO A $4.50 PARA CONSEGUIR MAS CLIENTES, CONSIDERANDO EL PRECIO PROMEDIO DE COMPETENCIA ES $5.75

MERCADOS META FUTUROS: ABARCAR MAS MERCADO, HACIENDO PROMOCIÓN A NUESTRO PRODUCTO, CONSIDERANDO GIMNASIOS Y EVENTOS DEPORTIVOS

PERSONALIZAR LA ETIQUETA PARA CADA CLIENTE CON EL NOMBRE DE SU NEGOCIO O LOGOTIPO.

**PROPUESTAS**

VENDER A 5 GIMNASIOS DE LA ZONA, QUIENES APROXIMADAMENTE COMPRAN 20 AGUAS DIARIAS.

ALIANZAS CON EMPRESAS ORGANIZADORAS DE EVENTOS DEPORTIVOS (CARRERAS DOMINICALES) UNA CARRERA A LA SEMANA CON 3,000 CORREDORES, APROXIMADAMENTE 500 BOTELLAS DIARIAS

ESTO GENERARIA UN ESTIMADO DE 1,100 BOTELLAS DIARIAS

**PROYECTO PROPUESTO**

| | |
|---|---|
| INGRESOS | 302 DIAS |
| CAPACIDAD DIARIA | 3024 |
| VENTAS NETAS | 1100 |
| PTRECIO DE VENTA | 4.50 |
| INGRESO DIARIO | 4,950.00 |
| INGRESO TOTAL | 1,494,900.00 |

**GASTOS**

| CONCEPTO | GASTO | MENSUALES Y CTOS UNI. |
|---|---|---|
| RENTA | $90.000.00 | 7,500.00 |
| SUELDO (2 OPERADORES) | 96,000.00 | 4,000.00 |
| AGUA PARA PRODUCTO | 49.830.00 | .015*500ML |
| LUZ | 66,000.00 | 5,500.00 |
| TELEFONO E INTERNET | | 400.00 |
| MANTENIMIENTO MAQUINAS | 36.000.00 | 3,000.00 |
| BOTELLAS Y TAPAS | 448,470.00 | 1.35 C U |
| ETIQUETAS | 83,050.00 | 0.25 C/ETIQUETA |
| GASOLINA | 12.000.00 | 1,000.00 |
| SEGURO MEDICO (2 OP.) | 9.600.00 | 800.00 |
| SEGURO CAMIONETA | 7,000.00 | |
| | $897.950.00 | |

| | |
|---|---|
| INGRESOS ANUALES | $1,494,900.00 |
| GASTO ANUAL | 897,950.00 |
| INGRESOS NETOS ANUALES | $596,950.00 |

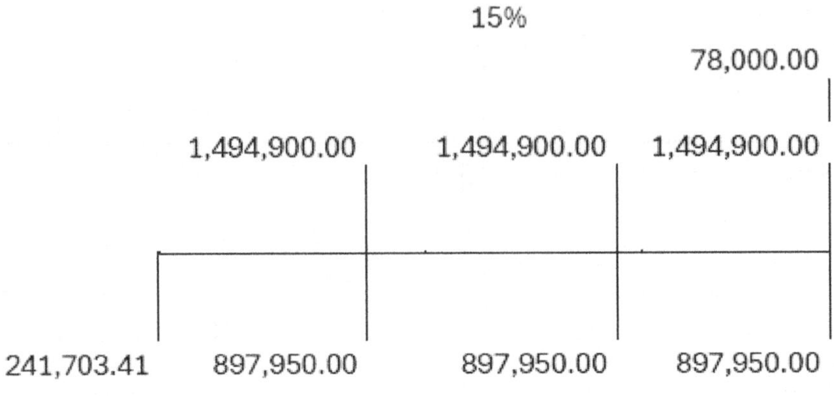


$$VAE = St - \{(P-F)\ (A/Pin) + f(i\%)\}$$

$$VAE = 596{,}950.00 - \{(189{,}503.40 - 78{,}000.00)\ (.43798)) + 78{,}000.00(.15)$$

$$VAE = 596{,}950.00 - \{(111{,}503.40)\ (.43798) + 11700\}$$

$$VAE = 596{,}950.00 - (48{,}836.25913 + 11700)$$

$$VAE = 596{,}950.00 - 60{,}536.25913$$

$$VAE = 536{,}413.7087$$

**CHECANDOLO CON VAE EL PROYECTO NUEVO SE ACEPTA.**

$$VPN = -II + F1/\ (1+ i) + F2\ (1+i)^{2} + F3/(1+i)^{3}$$

$$VPN = -241{,}703.40 + 596{,}950.00/\ (1+ .15) + 596{,}943.00/\ (1+.15)^{2} + 681{,}950.00/\ (1+.15)^{3}$$

$$VPN = -241.703.40 + 596{,}950.00/\ (1.15) + 596{,}950.00/\ (1.15)^{2} + 674{,}950.00/\ (1.15)^{3}$$

$$VPN = -241{,}703.40 + 596.950.00/\ (1.15) + 596.950.00/\ (1.3225) + 674{,}950.00/\ (1.5209)$$

VPN= -241,703.40 + 519,086.9565 + 451,379.96 + 443,783.2862

VPN = -241,703.40 + 1,414,250.203

VPN= 1.172,546.803

**CHECANDOLO CON VPN EL PROYECTO NUEVO SE ACEPTA**

**CALCULANDO TIR EN EXCEL**

| | |
|---|---|
| II | -241703.4 |
| FLUJO 1 | 596950 |
| FLUJO 2 | 596950 |
| FLUJO 3 | 674950 |
| TIR | 242.79% |

SI LA TIR ES MAYOR QUE EL PORCENTAJE CON EL QUE EMPEZAMOS EL ESTUDIO DEL CASO EL PROYECTO SE ACEPTA. LA TREMA O TASA DE INTERÉS INICIAL ES DEL 15% Y LA TIR ES DE 242.79%

COMPROBAR QUE LA TIR ES CORRECTA

VPN = -II + F1/ (1+ i) +F2 (1+i) ^2+ F3/(1+i) ^3

VPN = -241,703.40 +596,950.00/ (1+2.4279) +596,943.00/ (1+2.4279) ^2+ 674,950.00/ (1+2.4279) ^3

VPN = -241.703.40 +596,950.00/ (3.4279) +596,950.00/ (3.4279) ^2+ 674,950.00/ (3.4279) ^3

VPN = -241,703.40 +596.950.00/ (3.4279) +596.950.00/ (11.75049841) + 674950.00/

(40.2795335)

VPN= -241,703.40 + 174144.52 + 50.802.1004 + 16,756.64888

VPN = -241,703.40 + 241,703.2693

VPN= 0.130718

**LA DIFERENCIA ES MÍNIMA EN DECIMALES (REDONDEO) LA TIR ES CORRECTA.**

ESTE ES UN EJEMPLO DE UN PROYECTO REAL COMO PRODUCTO INTEGRAL DE APRENDIZAJE DE LOS AHORA INGENIEROS INDUSTRIALES Y ADMINISTRADORES DE LA GENERACION 2007-2012 Y MENCIONO SUS NOMBRES POR SER UNOS BRILLANTES ESTUDIANTES ADRIANA AVILA FLORES, EDGAR GERARDO GARZA GARZA, JESSICA SUSANA NAVA VALADEZ, ANGEL MARIO PAEZ FLORES, MARCO ANTONIO RODRIGUEZ, MARIANA ELIZABETH RAMIREZ ALMAGUER Y BRANDON ALEJANDRO ROCA SOLÍS.

LA RELACION COSTO BENEFICIO INDICA QUE ES RENTABLE

INGRESO/COSTO

1.172,546.803/241,703.40

4.851180426

# TABLAS DE FACTORES DE INTERÉS COMPUESTO DISCRETO

TABLA DE FACTORES DE INTERES COMPUESTO DISCRETO DE 0.25%

| 0.25% | PAGOS UNICOS | | SERIES UNIFORMES | | | | GRADIENTES | |
|---|---|---|---|---|---|---|---|---|
| n | F/Pin | P/Fin | A/Fin | F/Ain | A/Pin | P/Ain | P/Gin | A/Gin |
| 1 | 1.0025 | 0.9975 | 1.00000 | 1.0000 | 1.00250 | 0.9975 | | |
| 2 | 1.0050 | 0.9950 | 0.49938 | 2.0025 | 0.50188 | 1.9925 | 0.9950 | 0.4994 |
| 3 | 1.0075 | 0.9925 | 0.33250 | 3.0075 | 0.33500 | 2.9851 | 2.9801 | 0.9983 |
| 4 | 1.0100 | 0.9901 | 0.24906 | 4.0150 | 0.25156 | 3.9751 | 5.9503 | 1.4969 |
| 5 | 1.0126 | 0.9876 | 0.19900 | 5.0251 | 0.20150 | 4.9627 | 9.9007 | 1.9950 |
| 6 | 1.0151 | 0.9851 | 0.16563 | 6.0376 | 0.16813 | 5.9478 | 14.8263 | 2.4927 |
| 7 | 1.0176 | 0.9827 | 0.14179 | 7.0527 | 0.14429 | 6.9305 | 20.7223 | 2.9900 |
| 8 | 1.0202 | 0.9802 | 0.12391 | 8.0704 | 0.12641 | 7.9107 | 27.5839 | 3.4869 |
| 9 | 1.0227 | 0.9778 | 0.11000 | 9.0905 | 0.11250 | 8.8885 | 35.4061 | 3.9834 |
| 10 | 1.0253 | 0.9753 | 0.09888 | 10.1133 | 0.10138 | 9.8639 | 44.1842 | 4.4794 |
| 11 | 1.0278 | 0.9729 | 0.08978 | 11.1385 | 0.09228 | 10.8368 | 53.9133 | 4.9750 |
| 12 | 1.0304 | 0.9705 | 0.08219 | 12.1664 | 0.08469 | 11.8073 | 64.5886 | 5.4702 |
| 13 | 1.0330 | 0.9681 | 0.07578 | 13.1968 | 0.07828 | 12.7753 | 76.2053 | 5.9650 |
| 14 | 1.0356 | 0.9656 | 0.07028 | 14.2298 | 0.07278 | 13.7410 | 88.7587 | 6.4594 |
| 15 | 1.0382 | 0.9632 | 0.06551 | 15.2654 | 0.06801 | 14.7042 | 102.2441 | 6.9534 |
| 16 | 1.0408 | 0.9608 | 0.06134 | 16.3035 | 0.06384 | 15.6650 | 116.6567 | 7.4469 |
| 17 | 1.0434 | 0.9584 | 0.05766 | 17.3443 | 0.06016 | 16.6235 | 131.9917 | 7.9401 |
| 18 | 1.0460 | 0.9561 | 0.05438 | 18.3876 | 0.05688 | 17.5795 | 148.2446 | 8.4328 |
| 19 | 1.0486 | 0.9537 | 0.05146 | 19.4336 | 0.05396 | 18.5332 | 165.4106 | 8.9251 |
| 20 | 1.0512 | 0.9513 | 0.04882 | 20.4822 | 0.05132 | 19.4845 | 183.4851 | 9.4170 |
| 21 | 1.0538 | 0.9489 | 0.04644 | 21.5334 | 0.04894 | 20.4334 | 202.4634 | 9.9085 |
| 22 | 1.0565 | 0.9466 | 0.04427 | 22.5872 | 0.04677 | 21.3800 | 222.3410 | 10.3995 |
| 23 | 1.0591 | 0.9442 | 0.04229 | 23.6437 | 0.04479 | 22.3241 | 243.1131 | 10.8901 |
| 24 | 1.0618 | 0.9418 | 0.04048 | 24.7028 | 0.04298 | 23.2660 | 264.7753 | 11.3804 |
| 25 | 1.0644 | 0.9395 | 0.03881 | 25.7646 | 0.04131 | 24.2055 | 287.3230 | 11.8702 |
| 26 | 1.0671 | 0.9371 | 0.03727 | 26.8290 | 0.03977 | 25.1426 | 310.7516 | 12.3596 |
| 27 | 1.0697 | 0.9348 | 0.03585 | 27.8961 | 0.03835 | 26.0774 | 335.0567 | 12.8485 |
| 28 | 1.0724 | 0.9325 | 0.03452 | 28.9658 | 0.03702 | 27.0099 | 360.2334 | 13.3371 |
| 29 | 1.0751 | 0.9301 | 0.03329 | 30.0382 | 0.03579 | 27.9400 | 386.2776 | 13.8252 |
| 30 | 1.0778 | 0.9278 | 0.03214 | 31.1133 | 0.03464 | 28.8679 | 413.1847 | 14.3130 |
| 40 | 1.1050 | 0.9050 | 0.02380 | 42.0132 | 0.02630 | 38.0199 | 728.7399 | 19.1673 |
| 50 | 1.1330 | 0.8826 | 0.01880 | 53.1887 | 0.02130 | 46.9462 | 1125.7800 | 23.9802 |
| 60 | 1.1616 | 0.8609 | 0.01547 | 64.6467 | 0.01797 | 55.6524 | 1600.0800 | 28.7514 |
| 90 | 1.2520 | 0.7987 | 0.00992 | 100.7885 | 0.01242 | 80.5038 | 3446.8700 | 42.8162 |
| 100 | 1.2836 | 0.7790 | 0.00881 | 113.4500 | 0.01131 | 88.3825 | 4191.2400 | 47.4216 |

TABLA DE FACTORES DE INTERES COMPUESTO DISCRETO DE 0.50%

| 0.50% | PAGOS UNICOS | | SERIES UNIFORMES | | | | GRADIENTES | |
|---|---|---|---|---|---|---|---|---|
| N | F/Pin | P/Fin | A/Fin | F/Ain | A/Pin | P/Ain | P/Gin | A/Gin |
| 1 | 1.0050 | 0.9950 | 1.00000 | 1.0000 | 1.00500 | 0.9950 | | |
| 2 | 1.0100 | 0.9901 | 0.49875 | 2.0050 | 0.50375 | 1.9851 | 0.9901 | 0.4988 |
| 3 | 1.0151 | 0.9851 | 0.33167 | 3.0150 | 0.33667 | 2.9702 | 2.9604 | 0.9967 |
| 4 | 1.0202 | 0.9802 | 0.24813 | 4.0301 | 0.25313 | 3.9505 | 5.9011 | 1.4938 |
| 5 | 1.0253 | 0.9754 | 0.19801 | 5.0503 | 0.20301 | 4.9259 | 9.8026 | 1.9900 |
| 6 | 1.0304 | 0.9705 | 0.16460 | 6.0755 | 0.16960 | 5.8964 | 14.6552 | 2.4855 |
| 7 | 1.0355 | 0.9657 | 0.14073 | 7.1059 | 0.14573 | 6.8621 | 20.4493 | 2.9801 |
| 8 | 1.0407 | 0.9609 | 0.12283 | 8.1414 | 0.12783 | 7.8230 | 27.1755 | 3.4738 |
| 9 | 1.0459 | 0.9561 | 0.10891 | 9.1821 | 0.11391 | 8.7791 | 34.8244 | 3.9668 |
| 10 | 1.0511 | 0.9513 | 0.09777 | 10.2280 | 0.10277 | 9.7304 | 43.3865 | 4.4589 |
| 11 | 1.0564 | 0.9466 | 0.08866 | 11.2792 | 0.09366 | 10.6770 | 52.8526 | 4.9501 |
| 12 | 1.0617 | 0.9419 | 0.08107 | 12.3356 | 0.08607 | 11.6189 | 63.2136 | 5.4406 |
| 13 | 1.0670 | 0.9372 | 0.07464 | 13.3972 | 0.07964 | 12.5562 | 74.4602 | 5.9302 |
| 14 | 1.0723 | 0.9326 | 0.06914 | 14.4642 | 0.07414 | 13.4887 | 86.5835 | 6.4190 |
| 15 | 1.0777 | 0.9279 | 0.06436 | 15.5365 | 0.06936 | 14.4166 | 99.5743 | 6.9069 |
| 16 | 1.0831 | 0.9233 | 0.06019 | 16.6142 | 0.06519 | 15.3399 | 113.4238 | 7.3940 |
| 17 | 1.0885 | 0.9187 | 0.05651 | 17.6973 | 0.06151 | 16.2586 | 128.1231 | 7.8803 |
| 18 | 1.0939 | 0.9141 | 0.05323 | 18.7858 | 0.05823 | 17.1728 | 143.6634 | 8.3658 |
| 19 | 1.0994 | 0.9096 | 0.05030 | 19.8797 | 0.05530 | 18.0824 | 160.0360 | 8.8504 |
| 20 | 1.1049 | 0.9051 | 0.04767 | 20.9791 | 0.05267 | 18.9874 | 177.2322 | 9.3342 |
| 21 | 1.1104 | 0.9006 | 0.04528 | 22.0840 | 0.05028 | 19.8880 | 195.2434 | 9.8172 |
| 22 | 1.1160 | 0.8961 | 0.04311 | 23.1944 | 0.04811 | 20.7841 | 214.0611 | 10.2993 |
| 23 | 1.1216 | 0.8916 | 0.04113 | 24.3104 | 0.04613 | 21.6757 | 233.6768 | 10.7806 |
| 24 | 1.1272 | 0.8872 | 0.03932 | 25.4320 | 0.04432 | 22.5629 | 254.0820 | 11.2611 |
| 25 | 1.1328 | 0.8828 | 0.03765 | 26.5591 | 0.04265 | 23.4456 | 275.2686 | 11.7407 |
| 26 | 1.1385 | 0.8784 | 0.03611 | 27.6919 | 0.04111 | 24.3240 | 297.2281 | 12.2195 |
| 27 | 1.1442 | 0.8740 | 0.03469 | 28.8304 | 0.03969 | 25.1980 | 319.9523 | 12.6975 |
| 28 | 1.1499 | 0.8697 | 0.03336 | 29.9745 | 0.03836 | 26.0677 | 343.4332 | 13.1747 |
| 29 | 1.1556 | 0.8653 | 0.03213 | 31.1244 | 0.03713 | 26.9330 | 367.6625 | 13.6510 |
| 30 | 1.1614 | 0.8610 | 0.03098 | 32.2800 | 0.03598 | 27.7941 | 392.6324 | 14.1265 |
| 40 | 1.2208 | 0.8191 | 0.02265 | 44.1588 | 0.02765 | 36.1722 | 681.3347 | 18.8359 |
| 50 | 1.2832 | 0.7793 | 0.01765 | 56.6452 | 0.02265 | 44.1428 | 1035.7000 | 23.4624 |
| 60 | 1.3489 | 0.7414 | 0.01433 | 69.7700 | 0.01933 | 51.7256 | 1448.6500 | 28.0064 |
| 90 | 1.5666 | 0.6383 | 0.00883 | 113.3109 | 0.01383 | 72.3313 | 2976.0800 | 41.1451 |
| 100 | 1.6467 | 0.6073 | 0.00773 | 129.3337 | 0.01273 | 78.5426 | 3562.7900 | 45.3613 |

TABLA DE FACTORES DE INTERES COMPUESTO DISCRETO DE 0.75%

| 0.75% | PAGOS UNICOS | | SERIES UNIFORMES | | | | GRADIENTES | |
|---|---|---|---|---|---|---|---|---|
| N | F/Pin | P/Fin | A/Fin | F/Ain | A/Pin | P/Ain | P/Gin | A/Gin |
| 1 | 1.0075 | 0.9926 | 1.00000 | 1.0000 | 1.00750 | 0.9926 | | |
| 2 | 1.0151 | 0.9852 | 0.49813 | 2.0075 | 0.50563 | 1.9777 | 0.9852 | 0.4981 |
| 3 | 1.0227 | 0.9778 | 0.33085 | 3.0226 | 0.38835 | 2.9556 | 2.9408 | 0.9950 |
| 4 | 1.0303 | 0.9706 | 0.24721 | 4.0452 | 0.25471 | 3.9261 | 5.8525 | 1.4907 |
| 5 | 1.0381 | 0.9633 | 0.19702 | 5.0756 | 0.20452 | 4.8894 | 9.7058 | 1.9851 |
| 6 | 1.0459 | 0.9562 | 0.16357 | 6.1136 | 0.17107 | 5.8456 | 14.4866 | 2.4782 |
| 7 | 1.0537 | 0.9490 | 0.13967 | 7.1595 | 0.14717 | 6.7946 | 20.1808 | 2.9701 |
| 8 | 1.0616 | 0.9420 | 0.12176 | 8.2132 | 0.12926 | 7.7366 | 26.7747 | 3.4608 |
| 9 | 1.0696 | 0.9350 | 0.10782 | 9.2748 | 0.11532 | 8.6716 | 34.2544 | 3.9502 |
| 10 | 1.0776 | 0.9280 | 0.09667 | 10.3443 | 0.10417 | 9.5996 | 42.6064 | 4.4384 |
| 11 | 1.0857 | 0.9211 | 0.08755 | 11.4219 | 0.09505 | 10.5207 | 51.8174 | 4.9253 |
| 12 | 1.0938 | 0.9142 | 0.07995 | 12.5076 | 0.08745 | 11.4349 | 61.8740 | 5.4110 |
| 13 | 1.1020 | 0.9074 | 0.07352 | 13.6014 | 0.08102 | 12.3423 | 72.7632 | 5.8954 |
| 14 | 1.1103 | 0.9007 | 0.06801 | 14.7034 | 0.07551 | 13.2430 | 84.4720 | 6.3786 |
| 15 | 1.1186 | 0.8940 | 0.06324 | 15.8137 | 0.07074 | 14.1370 | 96.9876 | 6.8606 |
| 16 | 1.1270 | 0.8873 | 0.05906 | 16.9323 | 0.06656 | 15.0243 | 110.2973 | 7.3413 |
| 17 | 1.1354 | 0.8807 | 0.05537 | 18.0593 | 0.06287 | 15.9050 | 124.3887 | 7.8207 |
| 18 | 1.1440 | 0.8742 | 0.05210 | 19.1947 | 0.05960 | 16.7792 | 139.2494 | 8.2989 |
| 19 | 1.1525 | 0.8676 | 0.04917 | 20.3387 | 0.05667 | 17.6468 | 154.8671 | 8.7759 |
| 20 | 1.1612 | 0.8612 | 0.04653 | 21.4912 | 0.05403 | 18.5080 | 171.2297 | 9.2516 |
| 21 | 1.1699 | 0.8548 | 0.04415 | 22.6524 | 0.05165 | 19.3628 | 188.3253 | 9.7261 |
| 22 | 1.1787 | 0.8484 | 0.04198 | 23.8223 | 0.04948 | 20.2112 | 206.1420 | 10.1994 |
| 23 | 1.1875 | 0.8421 | 0.04000 | 25.0010 | 0.04750 | 21.0533 | 224.6682 | 10.6714 |
| 24 | 1.1964 | 0.8358 | 0.03818 | 26.1885 | 0.04568 | 21.8891 | 243.8923 | 11.1422 |
| 25 | 1.2054 | 0.8296 | 0.03652 | 27.3849 | 0.04402 | 22.7188 | 263.8029 | 11.6117 |
| 26 | 1.2144 | 0.8234 | 0.03498 | 28.5903 | 0.04248 | 23.5422 | 284.3888 | 12.0800 |
| 27 | 1.2235 | 0.8173 | 0.03355 | 29.8047 | 0.04105 | 24.3595 | 305.6387 | 12.5470 |
| 28 | 1.2327 | 0.8112 | 0.03223 | 31.0282 | 0.03973 | 25.1707 | 327.5416 | 13.0128 |
| 29 | 1.2420 | 0.8052 | 0.03100 | 32.2609 | 0.03850 | 25.9759 | 350.0867 | 13.4774 |
| 30 | 1.2513 | 0.7992 | 0.02985 | 33.5029 | 0.03735 | 26.7751 | 373.2631 | 13.9407 |
| 40 | 1.3483 | 0.7416 | 0.02153 | 46.4465 | 0.02903 | 34.4469 | 637.4693 | 18.5058 |
| 50 | 1.4530 | 0.6883 | 0.01656 | 60.3943 | 0.02406 | 41.5664 | 953.8486 | 22.9476 |
| 60 | 1.5657 | 0.6387 | 0.01326 | 75.4241 | 0.02076 | 48.1734 | 1313.5200 | 27.2665 |
| 90 | 1.9591 | 0.5104 | 0.00782 | 127.8790 | 0.01532 | 65.2746 | 2578.0000 | 39.4946 |
| 100 | 2.1111 | 0.4737 | 0.00675 | 148.1445 | 0.01425 | 70.1746 | 3040.7500 | 43.3311 |

TABLA DE FACTORES DE INTERES COMPUESTO DISCRETO DE 1%

| 1% | PAGOS UNICOS | | SERIES UNIFORMES | | | | GRADIENTES | |
|---|---|---|---|---|---|---|---|---|
| N | F/Pin | P/Fin | A/Fin | F/Ain | A/Pin | P/Ain | P/Gin | A/Gin |
| 1 | 1.0100 | 0.9901 | 1.00000 | 1.0000 | 1.01000 | 0.9901 | | |
| 2 | 1.0201 | 0.9803 | 0.49751 | 2.0100 | 0.50751 | 1.9704 | 0.9803 | 0.4975 |
| 3 | 1.0303 | 0.9706 | 0.33002 | 3.0301 | 0.34002 | 2.9410 | 2.9215 | 0.9934 |
| 4 | 1.0406 | 0.9610 | 0.24628 | 4.0604 | 0.25628 | 3.9020 | 5.8044 | 1.4876 |
| 5 | 1.0510 | 0.9515 | 0.19604 | 5.1010 | 0.20604 | 4.8534 | 9.6103 | 1.9801 |
| 6 | 1.0615 | 0.9420 | 0.16255 | 6.1520 | 0.17255 | 5.7955 | 14.3205 | 2.4710 |
| 7 | 1.0721 | 0.9327 | 0.13863 | 7.2135 | 0.14863 | 6.7282 | 19.9168 | 2.9602 |
| 8 | 1.0829 | 0.9235 | 0.12069 | 8.2857 | 0.13069 | 7.6517 | 26.3812 | 3.4478 |
| 9 | 1.0937 | 0.9143 | 0.10674 | 9.3685 | 0.11674 | 8.5660 | 33.6959 | 3.9337 |
| 10 | 1.1046 | 0.9053 | 0.09558 | 10.4622 | 0.10558 | 9.4713 | 41.8435 | 4.4179 |
| 11 | 1.1157 | 0.8963 | 0.08645 | 11.5668 | 0.09645 | 10.3676 | 50.8067 | 4.9005 |
| 12 | 1.1268 | 0.8874 | 0.07885 | 12.6825 | 0.08885 | 11.2551 | 60.5687 | 5.3815 |
| 13 | 1.1381 | 0.8787 | 0.07241 | 13.8093 | 0.08241 | 12.1337 | 71.1126 | 5.8607 |
| 14 | 1.1495 | 0.8700 | 0.06690 | 14.9474 | 0.07690 | 13.0037 | 82.4221 | 6.3384 |
| 15 | 1.1610 | 0.8613 | 0.06212 | 16.0969 | 0.07212 | 13.8651 | 94.4810 | 6.8143 |
| 16 | 1.1726 | 0.8528 | 0.05794 | 17.2579 | 0.06794 | 14.7179 | 107.2734 | 7.2886 |
| 17 | 1.1843 | 0.8444 | 0.05426 | 18.4304 | 0.06426 | 15.5623 | 120.7834 | 7.7613 |
| 18 | 1.1961 | 0.8360 | 0.05098 | 19.6147 | 0.06098 | 16.3983 | 134.9957 | 8.2323 |
| 19 | 1.2081 | 0.8277 | 0.04805 | 20.8109 | 0.05805 | 17.2260 | 149.8950 | 8.7017 |
| 20 | 1.2202 | 0.8195 | 0.04542 | 22.0190 | 0.05542 | 18.0456 | 165.4664 | 9.1694 |
| 21 | 1.2324 | 0.8114 | 0.04303 | 23.2392 | 0.05303 | 18.8570 | 181.6950 | 9.6354 |
| 22 | 1.2447 | 0.8034 | 0.04086 | 24.4716 | 0.05086 | 19.6604 | 198.5663 | 10.0998 |
| 23 | 1.2572 | 0.7954 | 0.03889 | 25.7163 | 0.04889 | 20.4558 | 216.0660 | 10.5626 |
| 24 | 1.2697 | 0.7876 | 0.03707 | 26.9735 | 0.04707 | 21.2434 | 234.1800 | 11.0237 |
| 25 | 1.2824 | 0.7798 | 0.03541 | 28.2432 | 0.04541 | 22.0232 | 252.8945 | 11.4831 |
| 26 | 1.2953 | 0.7720 | 0.03387 | 29.5256 | 0.04387 | 22.7952 | 272.1957 | 11.9409 |
| 27 | 1.3082 | 0.7644 | 0.03245 | 30.8209 | 0.04245 | 23.5596 | 292.0702 | 12.3971 |
| 28 | 1.3213 | 0.7568 | 0.03112 | 32.1291 | 0.04112 | 24.3164 | 312.5047 | 12.8516 |
| 29 | 1.3345 | 0.7493 | 0.02990 | 33.4504 | 0.03990 | 25.0658 | 333.4863 | 13.3044 |
| 30 | 1.3478 | 0.7419 | 0.02875 | 34.7849 | 0.03875 | 25.0877 | 355.0021 | 13.7557 |
| 40 | 1.4889 | 0.6717 | 0.02046 | 48.8864 | 0.03046 | 32.8347 | 596.8561 | 18.1776 |
| 50 | 1.6446 | 0.6080 | 0.01551 | 64.4632 | 0.02551 | 39.1961 | 879.4176 | 22.4363 |
| 60 | 1.8167 | 0.5504 | 0.01224 | 81.6697 | 0.02224 | 44.9550 | 1192.8061 | 26.5333 |
| 90 | 2.4486 | 0.4084 | 0.00690 | 144.8633 | 0.01690 | 59.1609 | 2240.5675 | 37.8724 |
| 100 | 2.7048 | 0.3697 | 0.00587 | 170.4814 | 0.01587 | 63.0289 | 2605.7758 | 41.3426 |

TABLA DE FACTORES DE INTERES COMPUESTO DISCRETO DE 1.5%

| 1.50% | PAGOS UNICOS | | SERIES UNIFORMES | | | | GRADIENTES | |
|---|---|---|---|---|---|---|---|---|
| N | F/Pin | P/Fin | A/Fin | F/Ain | A/Pin | P/Ain | P/Gin | A/Gin |
| 1 | 1.0150 | 0.9852 | 1.00000 | 1.0000 | 1.01500 | 0.9852 | | |
| 2 | 1.0302 | 0.9707 | 0.49628 | 2.0150 | 0.51128 | 1.9559 | 0.9707 | 0.4963 |
| 3 | 1.0457 | 0.9563 | 0.32838 | 3.0452 | 0.34338 | 2.9122 | 2.8833 | 0.9901 |
| 4 | 1.0614 | 0.9422 | 0.24444 | 4.0909 | 0.25944 | 3.8544 | 5.7098 | 1.4814 |
| 5 | 1.0773 | 0.9283 | 0.19409 | 5.1523 | 0.20909 | 4.7826 | 9.4229 | 1.9702 |
| 6 | 1.0934 | 0.9145 | 0.16053 | 6.2296 | 0.17553 | 5.6972 | 13.9956 | 2.4566 |
| 7 | 1.1098 | 0.9010 | 0.13656 | 7.3230 | 0.15156 | 6.5982 | 19.4018 | 2.9405 |
| 8 | 1.1265 | 0.8877 | 0.11858 | 8.4328 | 0.13358 | 7.4859 | 25.6157 | 3.4219 |
| 9 | 1.1434 | 0.8746 | 0.10461 | 9.5593 | 0.11961 | 8.3605 | 32.6125 | 3.9008 |
| 10 | 1.1605 | 0.8617 | 0.09343 | 10.7027 | 0.10843 | 9.2222 | 40.3675 | 4.3772 |
| 11 | 1.1779 | 0.8489 | 0.08429 | 11.8633 | 0.09929 | 10.0711 | 48.8568 | 4.8512 |
| 12 | 1.1956 | 0.8364 | 0.07668 | 13.0412 | 0.09168 | 10.9075 | 58.0571 | 5.3227 |
| 13 | 1.2136 | 0.8240 | 0.07024 | 14.2368 | 0.08524 | 11.7315 | 67.9454 | 5.7917 |
| 14 | 1.2318 | 0.8118 | 0.06472 | 15.4504 | 0.07972 | 12.5434 | 78.4994 | 6.2582 |
| 15 | 1.2502 | 0.7999 | 0.05994 | 16.6821 | 0.07494 | 13.3432 | 89.6974 | 6.7223 |
| 16 | 1.2690 | 0.7880 | 0.05577 | 17.9324 | 0.07077 | 14.1313 | 101.5178 | 7.1839 |
| 17 | 1.2880 | 0.7764 | 0.05208 | 19.2014 | 0.06708 | 14.9076 | 113.9400 | 7.6431 |
| 18 | 1.3073 | 0.7649 | 0.04881 | 20.4894 | 0.06381 | 15.6726 | 126.9435 | 8.0997 |
| 19 | 1.3270 | 0.7536 | 0.04588 | 21.7967 | 0.06088 | 16.4262 | 140.5084 | 8.5539 |
| 20 | 1.3469 | 0.7425 | 0.04325 | 23.1237 | 0.05825 | 17.1686 | 154.6154 | 9.0057 |
| 21 | 1.3671 | 0.7315 | 0.04087 | 24.4705 | 0.05587 | 17.9001 | 169.2453 | 9.4550 |
| 22 | 1.3876 | 0.7207 | 0.03870 | 25.8376 | 0.05370 | 18.6208 | 184.3798 | 9.9018 |
| 23 | 1.4084 | 0.7100 | 0.03673 | 27.2251 | 0.05173 | 19.3309 | 200.0006 | 10.3462 |
| 24 | 1.4295 | 0.6995 | 0.03492 | 28.6335 | 0.04992 | 20.0304 | 216.0901 | 10.7881 |
| 25 | 1.4509 | 0.6892 | 0.03326 | 30.0630 | 0.04826 | 20.7196 | 232.6310 | 11.2276 |
| 26 | 1.4727 | 0.6790 | 0.03173 | 31.5140 | 0.04673 | 21.3986 | 249.6065 | 11.6646 |
| 27 | 1.4948 | 0.6690 | 0.03032 | 32.9867 | 0.04532 | 22.0676 | 267.0002 | 12.0992 |
| 28 | 1.5172 | 0.6591 | 0.02900 | 34.4815 | 0.04400 | 22.7267 | 284.7958 | 12.5313 |
| 29 | 1.5400 | 0.6494 | 0.02778 | 35.9987 | 0.04278 | 23.3761 | 302.9779 | 12.9610 |
| 30 | 1.5631 | 0.6398 | 0.02664 | 37.5387 | 0.04164 | 24.0158 | 321.5310 | 13.3883 |
| 40 | 1.8140 | 0.5513 | 0.01843 | 54.2679 | 0.03343 | 29.9158 | 524.3568 | 17.5277 |
| 50 | 2.1052 | 0.4750 | 0.01357 | 73.6828 | 0.02857 | 34.9997 | 749.9636 | 21.4277 |
| 60 | 2.4432 | 0.4093 | 0.01039 | 96.2147 | 0.02539 | 39.3803 | 988.1674 | 25.0930 |
| 90 | 3.8189 | 0.2619 | 0.00532 | 187.9299 | 0.02032 | 49.2099 | 1709.5400 | 34.7399 |
| 100 | 4.4320 | 0.2256 | 0.00437 | 228.8030 | 0.01937 | 51.6247 | 1937.4500 | 37.5295 |

TABLA DE FACTORES DE INTERES COMPUESTO DISCRETO DE 2%

| 2% | PAGOS UNICOS | | SERIES UNIFORMES | | | | GRADIENTES | |
|---|---|---|---|---|---|---|---|---|
| N | F/Pin | P/Fin | A/Fin | F/Ain | A/Pin | P/Ain | P/Gin | A/Gin |
| 1 | 1.0200 | 0.9804 | 1.00000 | 1.0000 | 1.02000 | 0.9804 | | |
| 2 | 1.0404 | 0.9612 | 0.49505 | 2.0200 | 0.51505 | 1.9416 | 0.9612 | 0.4950 |
| 3 | 1.0612 | 0.9423 | 0.32675 | 3.0604 | 0.34675 | 2.8839 | 2.8458 | 0.9868 |
| 4 | 1.0824 | 0.9238 | 0.24262 | 4.1216 | 0.26262 | 3.8077 | 5.6173 | 1.4752 |
| 5 | 1.1041 | 0.9057 | 0.19216 | 5.2040 | 0.21216 | 4.7135 | 9.2403 | 1.9604 |
| 6 | 1.1262 | 0.8880 | 0.15853 | 6.3081 | 0.17853 | 5.6014 | 13.6801 | 2.4423 |
| 7 | 1.1487 | 0.8706 | 0.13451 | 7.4343 | 0.15451 | 6.4720 | 18.9035 | 2.9208 |
| 8 | 1.1717 | 0.8535 | 0.11651 | 8.5830 | 0.13651 | 7.3255 | 24.8779 | 3.3961 |
| 9 | 1.1951 | 0.8368 | 0.10252 | 9.7546 | 0.12252 | 8.1622 | 31.5720 | 3.8681 |
| 10 | 1.2190 | 0.8203 | 0.09133 | 10.9497 | 0.11133 | 8.9826 | 38.9551 | 4.3367 |
| 11 | 1.2434 | 0.8043 | 0.08218 | 12.1687 | 0.10218 | 9.7868 | 46.9977 | 4.8021 |
| 12 | 1.2682 | 0.7885 | 0.07456 | 13.4121 | 0.09456 | 10.5753 | 55.6712 | 5.2642 |
| 13 | 1.2936 | 0.7730 | 0.06812 | 14.6803 | 0.08812 | 11.3484 | 64.9475 | 5.7231 |
| 14 | 1.3195 | 0.7579 | 0.06260 | 15.9739 | 0.08260 | 12.1062 | 74.7999 | 6.1786 |
| 15 | 1.3459 | 0.7430 | 0.05783 | 17.2934 | 0.07783 | 12.8493 | 85.2021 | 6.6309 |
| 16 | 1.3728 | 0.7284 | 0.05365 | 18.6393 | 0.07365 | 13.5777 | 96.1288 | 7.0799 |
| 17 | 1.4002 | 0.7142 | 0.04997 | 20.0121 | 0.06997 | 14.2919 | 107.5554 | 7.5256 |
| 18 | 1.4282 | 0.7002 | 0.04670 | 21.4123 | 0.06670 | 14.9920 | 119.4581 | 7.9681 |
| 19 | 1.4568 | 0.6864 | 0.04378 | 22.8406 | 0.06378 | 15.6785 | 131.8139 | 8.4073 |
| 20 | 1.4859 | 0.6730 | 0.04116 | 24.2974 | 0.06116 | 16.3514 | 144.6003 | 8.8433 |
| 21 | 1.5157 | 0.6598 | 0.03878 | 25.7833 | 0.05878 | 17.0112 | 157.7959 | 9.2760 |
| 22 | 1.5460 | 0.6468 | 0.03663 | 27.2990 | 0.05663 | 17.6580 | 171.3795 | 9.7055 |
| 23 | 1.5769 | 0.6342 | 0.03467 | 28.8450 | 0.05467 | 18.2922 | 185.3309 | 10.1317 |
| 24 | 1.6084 | 0.6217 | 0.03287 | 30.4219 | 0.05287 | 18.9139 | 199.6305 | 10.5547 |
| 25 | 1.6406 | 0.6095 | 0.03122 | 32.0303 | 0.05122 | 19.5235 | 214.2592 | 10.9745 |
| 26 | 1.6734 | 0.5976 | 0.02970 | 33.6709 | 0.04970 | 20.1210 | 229.1987 | 11.3910 |
| 27 | 1.7069 | 0.5859 | 0.02829 | 35.3443 | 0.04829 | 20.7069 | 244.4311 | 11.8043 |
| 28 | 1.7140 | 0.5744 | 0.02699 | 37.0512 | 0.04699 | 21.2813 | 259.9392 | 12.2145 |
| 29 | 1.7758 | 0.5631 | 0.02578 | 38.7922 | 0.04578 | 21.8444 | 275.7064 | 12.6214 |
| 30 | 1.8114 | 0.5521 | 0.02465 | 40.5681 | 0.04465 | 23.3965 | 291.7164 | 13.0251 |
| 40 | 2.2080 | 0.4529 | 0.01656 | 60.4020 | 0.03656 | 27.3555 | 461.9931 | 16.8885 |
| 50 | 2.6916 | 0.3715 | 0.01182 | 84.5794 | 0.03182 | 31.4236 | 642.3606 | 20.4420 |
| 60 | 3.2810 | 0.3048 | 0.00877 | 114.0515 | 0.02877 | 34.7609 | 823.6975 | 23.6961 |
| 90 | 5.9431 | 0.1683 | 0.00405 | 247.1567 | 0.02405 | 41.5869 | 1322.1701 | 31.7929 |
| 100 | 7.2446 | 0.1380 | 0.00320 | 312.2323 | 0.02320 | 43.0984 | 1464.7527 | 33.9863 |

TABLA DE FACTORES DE INTERES COMPUESTO DISCRETO DE 3%

| 3% | PAGOS UNICOS | | SERIES UNIFORMES | | | | GRADIENTES | |
|---|---|---|---|---|---|---|---|---|
| n | F/Pin | P/Fin | A/Fin | F/Ain | A/Pin | P/Ain | P/Gin | A/Gin |
| 1 | 1.0300 | 0.9709 | 1.00000 | 1.0000 | 1.03000 | 0.9709 | | |
| 2 | 1.0609 | 0.9426 | 0.49261 | 2.0300 | 0.52261 | 1.9135 | 0.9426 | 0.4926 |
| 3 | 1.0927 | 0.9151 | 0.32353 | 3.0909 | 0.35353 | 2.8286 | 2.7729 | 0.9803 |
| 4 | 1.1255 | 0.8885 | 0.23903 | 4.1836 | 0.26903 | 3.7171 | 5.4383 | 1.4631 |
| 5 | 1.1593 | 0.8626 | 0.18835 | 5.3091 | 0.21835 | 4.5797 | 8.8888 | 1.9409 |
| 6 | 1.1941 | 0.8375 | 0.15460 | 6.4684 | 0.18460 | 5.4172 | 13.0762 | 2.4138 |
| 7 | 1.2299 | 0.8131 | 0.13051 | 7.6625 | 0.16051 | 6.2303 | 17.9547 | 2.8819 |
| 8 | 1.2668 | 0.7894 | 0.11246 | 8.8923 | 0.14246 | 7.0197 | 23.4806 | 3.3450 |
| 9 | 1.3048 | 0.7664 | 0.09843 | 10.1591 | 0.12843 | 7.7861 | 29.6119 | 3.8032 |
| 10 | 1.3439 | 0.7441 | 0.08723 | 11.4639 | 0.11723 | 8.5302 | 36.3088 | 4.2565 |
| 11 | 1.3842 | 0.7224 | 0.07808 | 12.8078 | 0.10808 | 9.2526 | 43.5330 | 4.7049 |
| 12 | 1.4258 | 0.7014 | 0.07046 | 14.1920 | 0.10046 | 9.9540 | 51.2482 | 5.1485 |
| 13 | 1.4685 | 0.6810 | 0.06403 | 15.6178 | 0.09403 | 10.6350 | 59.4196 | 5.5872 |
| 14 | 1.5126 | 0.6611 | 0.05853 | 17.0863 | 0.08853 | 11.2961 | 68.0141 | 6.0210 |
| 15 | 1.5580 | 0.6419 | 0.05377 | 18.5989 | 0.08377 | 11.9379 | 77.0002 | 6.4500 |
| 16 | 1.6047 | 0.6232 | 0.04961 | 20.1569 | 0.07961 | 12.5611 | 86.3477 | 6.8742 |
| 17 | 1.6528 | 0.6050 | 0.04595 | 21.7616 | 0.07595 | 13.1661 | 96.0280 | 7.2936 |
| 18 | 1.7024 | 0.5874 | 0.04271 | 23.4144 | 0.07271 | 13.7535 | 106.0137 | 7.7081 |
| 19 | 1.7535 | 0.5703 | 0.03981 | 25.1169 | 0.06981 | 14.3238 | 116.2788 | 8.1179 |
| 20 | 1.8061 | 0.5537 | 0.03722 | 26.8704 | 0.06722 | 14.8775 | 126.7987 | 8.5229 |
| 21 | 1.8603 | 0.5375 | 0.03487 | 28.6765 | 0.06487 | 15.4150 | 137.5496 | 8.9231 |
| 22 | 1.9161 | 0.5219 | 0.03275 | 30.5368 | 0.06275 | 15.9369 | 148.5094 | 9.3186 |
| 23 | 1.9736 | 0.5067 | 0.03081 | 32.4529 | 0.06081 | 16.4436 | 159.6566 | 9.7093 |
| 24 | 2.0328 | 0.4919 | 0.02905 | 34.4265 | 0.05905 | 16.9355 | 170.9711 | 10.0954 |
| 25 | 2.0938 | 0.4776 | 0.02743 | 36.4593 | 0.05743 | 17.4131 | 182.4336 | 10.4768 |
| 26 | 2.1566 | 0.4637 | 0.02594 | 38.5530 | 0.05594 | 17.8768 | 194.0260 | 10.8535 |
| 27 | 2.2213 | 0.4502 | 0.02456 | 40.7096 | 0.05456 | 18.3270 | 205.7309 | 11.2255 |
| 28 | 2.2879 | 0.4371 | 0.02329 | 42.9309 | 0.05329 | 18.7641 | 217.5320 | 11.5930 |
| 29 | 2.3566 | 0.4243 | 0.02211 | 45.2189 | 0.05211 | 19.1885 | 229.4137 | 11.9558 |
| 30 | 2.4273 | 0.4120 | 0.02102 | 47.5754 | 0.05102 | 19.6004 | 241.3613 | 12.3141 |
| 40 | 3.2620 | 0.3066 | 0.01326 | 75.4013 | 0.04326 | 23.1148 | 361.7499 | 15.6502 |
| 50 | 4.3839 | 0.2281 | 0.00887 | 112.7969 | 0.03887 | 25.7298 | 477.4803 | 18.5575 |
| 60 | 5.8916 | 0.1697 | 0.00613 | 163.0534 | 0.03613 | 27.6756 | 583.0526 | 21.0674 |
| 70 | 7.9178 | 0.1263 | 0.00434 | 230.5941 | 0.03434 | 29.1234 | 676.0869 | 23.2145 |
| 80 | 10.6409 | 0.0940 | 0.00311 | 321.3630 | 0.03311 | 30.2008 | 756.0865 | 25.0353 |

TABLA DE FACTORES DE INTERES COMPUESTO DISCRETO DE 4%

| 4% | PAGOS UNICOS | | SERIES UNIFORMES | | | | GRADIENTES | |
|---|---|---|---|---|---|---|---|---|
| N | F/Pin | P/Fin | A/Fin | F/Ain | A/Pin | P/Ain | P/Gin | A/Gin |
| 1 | 1.0400 | 0.9615 | 1.00000 | 1.0000 | 1.04000 | 0.9615 | | |
| 2 | 1.0816 | 0.9246 | 0.49020 | 2.0400 | 0.53020 | 1.8861 | 0.9246 | 0.4902 |
| 3 | 1.1249 | 0.8890 | 0.32035 | 3.1216 | 0.36035 | 2.7751 | 2.7025 | 0.9739 |
| 4 | 1.1699 | 0.8548 | 0.23549 | 4.2465 | 0.27549 | 3.6299 | 5.2670 | 1.4510 |
| 5 | 1.2167 | 0.8219 | 0.18463 | 5.4163 | 0.22463 | 4.4518 | 8.5547 | 1.9216 |
| 6 | 1.2653 | 0.7903 | 0.15076 | 6.6330 | 0.19076 | 5.2421 | 12.5062 | 2.3857 |
| 7 | 1.3159 | 0.7599 | 0.12661 | 7.8983 | 0.16661 | 6.0021 | 17.0657 | 2.8433 |
| 8 | 1.3686 | 0.7307 | 0.10853 | 9.2142 | 0.14853 | 6.7327 | 22.1806 | 3.2944 |
| 9 | 1.4233 | 0.7026 | 0.09449 | 10.5828 | 0.13449 | 7.4353 | 27.8013 | 3.7391 |
| 10 | 1.4802 | 0.6756 | 0.08329 | 12.0061 | 0.12329 | 8.1109 | 33.8814 | 4.1773 |
| 11 | 1.5395 | 0.6496 | 0.07415 | 13.4864 | 0.11415 | 8.7605 | 40.3772 | 4.6090 |
| 12 | 1.6010 | 0.6246 | 0.06655 | 15.0258 | 0.10655 | 9.3851 | 47.2477 | 5.0343 |
| 13 | 1.6651 | 0.6006 | 0.06014 | 16.6268 | 0.10014 | 9.9856 | 54.4546 | 5.4533 |
| 14 | 1.7317 | 0.5775 | 0.05467 | 18.2919 | 0.09467 | 10.5631 | 61.9618 | 5.8659 |
| 15 | 1.8009 | 0.5553 | 0.04994 | 20.0236 | 0.08994 | 11.1184 | 69.7355 | 6.2721 |
| 16 | 1.8730 | 0.5339 | 0.04582 | 21.8245 | 0.08582 | 11.6523 | 77.7441 | 6.6720 |
| 17 | 1.9479 | 0.5134 | 0.04220 | 23.6975 | 0.08220 | 12.1657 | 85.9581 | 7.0656 |
| 18 | 2.0258 | 0.4936 | 0.03899 | 25.6454 | 0.07899 | 12.6593 | 94.3498 | 7.4530 |
| 19 | 2.1068 | 0.4746 | 0.03614 | 27.6712 | 0.07614 | 13.1339 | 102.8933 | 7.8342 |
| 20 | 2.1911 | 0.4564 | 0.03358 | 29.7781 | 0.07358 | 13.5903 | 111.5647 | 8.2091 |
| 21 | 2.2788 | 0.4388 | 0.03128 | 31.9692 | 0.07128 | 14.0292 | 120.3414 | 8.5779 |
| 22 | 2.3699 | 0.4220 | 0.02920 | 34.2480 | 0.06920 | 14.4511 | 129.2024 | 8.9407 |
| 23 | 2.4647 | 0.4057 | 0.02731 | 36.6179 | 0.06731 | 14.8568 | 138.1284 | 9.2973 |
| 24 | 2.5633 | 0.3901 | 0.02559 | 39.0826 | 0.06559 | 15.2470 | 147.1012 | 9.6479 |
| 25 | 2.6658 | 0.3751 | 0.02401 | 41.6459 | 0.06401 | 15.6221 | 156.1040 | 9.9925 |
| 26 | 2.7725 | 0.3607 | 0.02257 | 44.3117 | 0.06257 | 15.9828 | 165.1212 | 10.3312 |
| 27 | 2.8834 | 0.3468 | 0.02124 | 47.0842 | 0.06124 | 16.3296 | 174.1385 | 10.6640 |
| 28 | 2.9987 | 0.3335 | 0.02001 | 49.9676 | 0.06001 | 16.6631 | 183.1424 | 10.9909 |
| 29 | 3.1187 | 0.3207 | 0.01888 | 52.9663 | 0.05888 | 16.9837 | 192.1206 | 11.3120 |
| 30 | 3.2434 | 0.3083 | 0.01783 | 56.0849 | 0.05783 | 17.2920 | 201.0618 | 11.6274 |
| 40 | 4.8010 | 0.2083 | 0.01052 | 95.0255 | 0.05052 | 19.7928 | 286.5303 | 14.4765 |
| 50 | 7.1067 | 0.1407 | 0.00655 | 152.6671 | 0.04655 | 21.4822 | 361.1638 | 16.8122 |
| 60 | 10.5196 | 0.0951 | 0.00420 | 237.9907 | 0.04420 | 22.6235 | 422.9966 | 18.6972 |
| 70 | 15.5716 | 0.0642 | 0.00275 | 364.2905 | 0.04275 | 23.3945 | 472.4789 | 20.1961 |
| 80 | 23.0498 | 0.0434 | 0.00181 | 551.2450 | 0.04181 | 23.9154 | 511.1161 | 21.3718 |

TABLA DE FACTORES DE INTERES COMPUESTO DISCRETO DE 5%

| 5% | PAGOS UNICOS | | SERIES UNIFORMES | | | | GRADIENTES | |
|---|---|---|---|---|---|---|---|---|
| N | F/Pin | P/Fin | A/Fin | F/Ain | A/Pin | P/Ain | P/Gin | A/Gin |
| 1 | 1.0500 | 0.9524 | 1.00000 | 1.0000 | 1.05000 | 0.9524 | | |
| 2 | 1.1025 | 0.9070 | 0.48780 | 2.0500 | 0.53780 | 1.8594 | 0.9070 | 0.4878 |
| 3 | 1.1576 | 0.8638 | 0.31721 | 3.1525 | 0.36721 | 2.7232 | 2.6347 | 0.9675 |
| 4 | 1.2155 | 0.8227 | 0.23201 | 4.3101 | 0.28201 | 3.5460 | 5.1028 | 1.4391 |
| 5 | 1.2763 | 0.7835 | 0.18097 | 5.5256 | 0.23097 | 4.3295 | 8.2369 | 1.9025 |
| 6 | 1.3401 | 0.7462 | 0.14702 | 6.8019 | 0.19702 | 5.0757 | 11.9680 | 2.3579 |
| 7 | 1.4071 | 0.7107 | 0.12282 | 8.1420 | 0.17282 | 5.7864 | 16.2321 | 2.8052 |
| 8 | 1.4775 | 0.6768 | 0.10472 | 9.5491 | 0.15472 | 6.4632 | 20.9700 | 3.2445 |
| 9 | 1.5513 | 0.6446 | 0.09069 | 11.0266 | 0.14069 | 7.1078 | 26.1268 | 3.6758 |
| 10 | 1.6289 | 0.6139 | 0.07950 | 12.5779 | 0.12950 | 7.7217 | 31.6520 | 4.0991 |
| 11 | 1.7103 | 0.5847 | 0.07039 | 14.2068 | 0.12039 | 8.3064 | 37.4988 | 4.5144 |
| 12 | 1.7959 | 0.5568 | 0.06283 | 15.9171 | 0.11283 | 8.8633 | 43.6241 | 4.9219 |
| 13 | 1.8856 | 0.5303 | 0.05646 | 17.7130 | 0.10646 | 9.3936 | 49.9879 | 5.3215 |
| 14 | 1.9799 | 0.5051 | 0.05102 | 19.5986 | 0.10102 | 9.8986 | 56.5538 | 5.7133 |
| 15 | 2.0789 | 0.4810 | 0.04634 | 21.5786 | 0.09634 | 10.3797 | 63.2880 | 6.0973 |
| 16 | 2.1829 | 0.4581 | 0.04227 | 23.6575 | 0.09227 | 10.8378 | 70.1597 | 6.4736 |
| 17 | 2.2920 | 0.4363 | 0.03870 | 25.8404 | 0.08870 | 11.2741 | 77.1405 | 6.8423 |
| 18 | 2.4066 | 0.4155 | 0.03555 | 28.1324 | 0.08555 | 11.6896 | 84.2043 | 7.2034 |
| 19 | 2.5270 | 0.3957 | 0.03275 | 30.5390 | 0.08275 | 12.0853 | 91.3275 | 7.5569 |
| 20 | 2.6533 | 0.3769 | 0.03024 | 33.0660 | 0.08024 | 12.4622 | 98.4884 | 7.9030 |
| 21 | 2.7860 | 0.3589 | 0.02800 | 35.7193 | 0.07800 | 12.8212 | 105.6673 | 8.2416 |
| 22 | 2.9253 | 0.3418 | 0.02597 | 38.5052 | 0.07597 | 13.1630 | 112.8461 | 8.5730 |
| 23 | 3.0715 | 0.3256 | 0.02414 | 41.4305 | 0.07414 | 13.4886 | 120.0087 | 8.8971 |
| 24 | 3.2251 | 0.3101 | 0.02247 | 44.5020 | 0.07247 | 13.7986 | 127.1402 | 9.2140 |
| 25 | 3.3864 | 0.2953 | 0.02095 | 47.7271 | 0.07095 | 14.0939 | 134.2275 | 9.5238 |
| 26 | 3.5557 | 0.2812 | 0.01956 | 51.1135 | 0.06956 | 14.3752 | 141.2585 | 9.8266 |
| 27 | 3.7335 | 0.2678 | 0.01829 | 54.6691 | 0.06829 | 14.6430 | 148.2226 | 10.1224 |
| 28 | 3.9201 | 0.2551 | 0.01712 | 58.4026 | 0.06712 | 14.8981 | 155.1101 | 10.4114 |
| 29 | 4.1161 | 0.2429 | 0.01605 | 62.3227 | 0.06605 | 15.1411 | 161.9126 | 10.6936 |
| 30 | 4.3219 | 0.2314 | 0.01505 | 66.4388 | 0.06505 | 15.3725 | 168.6226 | 10.9691 |
| 40 | 7.0400 | 0.1420 | 0.00828 | 120.7998 | 0.05828 | 17.1591 | 229.5452 | 13.3775 |
| 50 | 11.4674 | 0.0872 | 0.00478 | 209.3480 | 0.05478 | 18.2559 | 277.9148 | 15.2233 |
| 60 | 18.6792 | 0.0535 | 0.00283 | 353.5837 | 0.05283 | 18.9293 | 314.3432 | 16.6062 |
| 70 | 30.4264 | 0.0329 | 0.00170 | 588.5285 | 0.05170 | 19.3427 | 340.8409 | 17.6212 |
| 80 | 49.5614 | 0.0202 | 0.00103 | 971.2288 | 0.05103 | 19.5965 | 359.6460 | 18.3526 |

TABLA DE FACTORES DE INTERES COMPUESTO DISCRETO DE 6%

| 6% | PAGOS UNICOS | | SERIES UNIFORMES | | | | GRADIENTES | |
|---|---|---|---|---|---|---|---|---|
| n | F/Pin | P/Fin | A/Fin | F/Ain | A/Pin | P/Ain | P/Gin | A/Gin |
| 1 | 1.0600 | 0.9434 | 1.00000 | 1.0000 | 1.06000 | 0.9434 | | |
| 2 | 1.1236 | 0.8900 | 0.48544 | 2.0600 | 0.54544 | 1.8334 | 0.8900 | 0.4854 |
| 3 | 1.1910 | 0.8396 | 0.31411 | 3.1836 | 0.37411 | 2.6730 | 2.5692 | 0.9612 |
| 4 | 1.2625 | 0.7921 | 0.22859 | 4.3746 | 0.28859 | 3.4651 | 4.9455 | 1.4272 |
| 5 | 1.3382 | 0.7473 | 0.17740 | 5.6371 | 0.23740 | 4.2124 | 7.9345 | 1.8836 |
| 6 | 1.4185 | 0.7050 | 0.14336 | 6.9753 | 0.20336 | 4.9173 | 11.4594 | 2.3304 |
| 7 | 1.5036 | 0.6651 | 0.11914 | 8.3938 | 0.17914 | 5.5824 | 15.4497 | 2.7676 |
| 8 | 1.5938 | 0.6274 | 0.10104 | 9.8975 | 0.16104 | 6.2098 | 19.8416 | 3.1952 |
| 9 | 1.6895 | 0.5919 | 0.08702 | 11.4913 | 0.14702 | 6.8017 | 24.5768 | 3.6133 |
| 10 | 1.7908 | 0.5584 | 0.07587 | 13.1808 | 0.13587 | 7.3601 | 29.6023 | 4.0220 |
| 11 | 1.8983 | 0.5268 | 0.06679 | 14.9716 | 0.12679 | 7.8869 | 34.8702 | 4.4213 |
| 12 | 2.0122 | 0.4970 | 0.05928 | 16.8699 | 0.11928 | 8.3838 | 40.3369 | 4.8113 |
| 13 | 2.1329 | 0.4688 | 0.05296 | 18.8821 | 0.11296 | 8.8527 | 45.9629 | 5.1920 |
| 14 | 2.2609 | 0.4423 | 0.04758 | 21.0151 | 0.10758 | 9.2950 | 51.7128 | 5.5635 |
| 15 | 2.3966 | 0.4173 | 0.04296 | 23.2760 | 0.10296 | 9.7122 | 57.5546 | 5.9260 |
| 16 | 2.5404 | 0.3936 | 0.03895 | 25.6725 | 0.09895 | 10.1059 | 63.4592 | 6.2794 |
| 17 | 2.6928 | 0.3714 | 0.03544 | 28.2129 | 0.09544 | 10.4773 | 69.4011 | 6.6240 |
| 18 | 2.8543 | 0.3503 | 0.03236 | 30.9057 | 0.09236 | 10.8276 | 75.3569 | 6.9597 |
| 19 | 3.0256 | 0.3305 | 0.02962 | 33.7600 | 0.08962 | 11.1581 | 81.3062 | 7.2867 |
| 20 | 3.2071 | 0.3118 | 0.02718 | 36.7856 | 0.08718 | 11.4699 | 87.2304 | 7.6051 |
| 21 | 3.3996 | 0.2942 | 0.02500 | 39.9927 | 0.08500 | 11.7641 | 93.1136 | 7.9151 |
| 22 | 3.6035 | 0.2775 | 0.02305 | 43.3923 | 0.08305 | 12.0416 | 98.9412 | 8.2166 |
| 23 | 3.8197 | 0.2618 | 0.02128 | 46.9958 | 0.08128 | 12.3034 | 104.7007 | 8.5099 |
| 24 | 4.0489 | 0.2470 | 0.01968 | 50.8156 | 0.07968 | 12.5504 | 110.3812 | 8.7951 |
| 25 | 4.2919 | 0.2330 | 0.01823 | 54.8645 | 0.07823 | 12.7834 | 115.9732 | 9.0722 |
| 26 | 4.5494 | 0.2198 | 0.01690 | 59.1564 | 0.07690 | 13.0032 | 121.4684 | 9.3414 |
| 27 | 4.8223 | 0.2074 | 0.01570 | 63.7058 | 0.07570 | 13.2105 | 126.8600 | 9.6029 |
| 28 | 5.1117 | 0.1956 | 0.01459 | 68.5281 | 0.07459 | 13.4062 | 132.1420 | 9.8568 |
| 29 | 5.4184 | 0.1846 | 0.01358 | 73.6398 | 0.07358 | 13.5907 | 137.3096 | 10.1032 |
| 30 | 5.7435 | 0.1741 | 0.01265 | 79.0582 | 0.07265 | 13.7648 | 142.3588 | 10.3422 |
| 40 | 10.2857 | 0.0972 | 0.00646 | 154.7620 | 0.06646 | 15.0463 | 185.9568 | 12.3590 |
| 50 | 18.4202 | 0.0543 | 0.00344 | 290.3359 | 0.06344 | 15.7619 | 217.4574 | 13.7964 |
| 60 | 32.9877 | 0.0303 | 0.00188 | 533.1282 | 0.06188 | 16.1614 | 239.0428 | 14.7909 |
| 90 | 189.4645 | 0.0053 | 0.00032 | 3141.0800 | 0.06032 | 16.5787 | 268.3946 | 16.1891 |
| 100 | 339.3021 | 0.0029 | 0.00018 | 5638.3700 | 0.06018 | 16.6175 | 272.0471 | 16.3711 |

TABLA DE FACTORES DE INTERES COMPUESTO DISCRETO DE 7%

| 7% | PAGOS UNICOS | | SERIES UNIFORMES | | | | GRADIENTES | |
|---|---|---|---|---|---|---|---|---|
| n | F/Pin | P/Fin | A/Fin | F/Ain | A/Pin | P/Ain | P/Gin | A/Gin |
| 1 | 1.0700 | 0.9346 | 1.00000 | 1.0000 | 1.07000 | 0.9346 | | |
| 2 | 1.1449 | 0.8734 | 0.48309 | 2.0700 | 0.55309 | 1.8080 | 0.8734 | 0.4831 |
| 3 | 1.2250 | 0.8163 | 0.31105 | 3.2149 | 0.38105 | 2.6243 | 2.5060 | 0.9549 |
| 4 | 1.3108 | 0.7629 | 0.22523 | 4.4399 | 0.29523 | 3.3872 | 4.7947 | 1.4155 |
| 5 | 1.4026 | 0.7130 | 0.17389 | 5.7507 | 0.24389 | 4.1002 | 7.6467 | 1.8650 |
| 6 | 1.5007 | 0.6663 | 0.13980 | 7.1533 | 0.20980 | 4.7665 | 10.9784 | 2.3032 |
| 7 | 1.6058 | 0.6227 | 0.11555 | 8.6540 | 0.18555 | 5.3893 | 14.7149 | 2.7304 |
| 8 | 1.7182 | 0.5820 | 0.09747 | 10.2598 | 0.16747 | 5.9713 | 18.7889 | 3.1465 |
| 9 | 1.8385 | 0.5439 | 0.08349 | 11.9780 | 0.15349 | 6.5152 | 23.1404 | 3.5517 |
| 10 | 1.9672 | 0.5083 | 0.07238 | 13.8164 | 0.14238 | 7.0236 | 27.7156 | 3.9461 |
| 11 | 2.1049 | 0.4751 | 0.06336 | 15.7836 | 0.13336 | 7.4987 | 32.4665 | 4.3296 |
| 12 | 2.2522 | 0.4440 | 0.05590 | 17.8885 | 0.12590 | 7.9427 | 37.3506 | 4.7025 |
| 13 | 2.4098 | 0.4150 | 0.04965 | 20.1406 | 0.11965 | 8.3577 | 42.3302 | 5.0648 |
| 14 | 2.5785 | 0.3878 | 0.04434 | 22.5505 | 0.11434 | 8.7455 | 47.3718 | 5.4167 |
| 15 | 2.7590 | 0.3624 | 0.03979 | 25.1290 | 0.10979 | 9.1079 | 52.4461 | 5.7583 |
| 16 | 2.9522 | 0.3387 | 0.03586 | 27.8881 | 0.10586 | 9.4466 | 57.5271 | 6.0897 |
| 17 | 3.1588 | 0.3166 | 0.03243 | 30.8402 | 0.10243 | 9.7632 | 62.5923 | 6.4110 |
| 18 | 3.3799 | 0.2959 | 0.02941 | 33.9990 | 0.09941 | 10.0591 | 67.6219 | 6.7225 |
| 19 | 3.6165 | 0.2765 | 0.02675 | 37.3790 | 0.09675 | 10.3356 | 72.5991 | 7.0242 |
| 20 | 3.8697 | 0.2584 | 0.02439 | 40.9955 | 0.09439 | 10.5940 | 77.5091 | 7.3163 |
| 21 | 4.1406 | 0.2415 | 0.02229 | 44.8652 | 0.09229 | 10.8355 | 82.3393 | 7.5990 |
| 22 | 4.4304 | 0.2257 | 0.02041 | 49.0057 | 0.09041 | 11.0612 | 87.0793 | 7.8725 |
| 23 | 4.7405 | 0.2109 | 0.01871 | 53.4361 | 0.08871 | 11.2722 | 91.7201 | 8.1369 |
| 24 | 5.0724 | 0.1971 | 0.01719 | 58.1767 | 0.08719 | 11.4693 | 96.2545 | 8.3923 |
| 25 | 5.4274 | 0.1842 | 0.01581 | 63.2490 | 0.08581 | 11.6536 | 100.6765 | 8.6391 |
| 26 | 5.8074 | 0.1722 | 0.01456 | 68.6765 | 0.08456 | 11.8258 | 104.9814 | 8.8773 |
| 27 | 6.2139 | 0.1609 | 0.01343 | 74.4838 | 0.08343 | 11.9867 | 109.1656 | 9.1072 |
| 28 | 6.6488 | 0.1504 | 0.01239 | 80.6977 | 0.08239 | 12.1371 | 113.2264 | 9.3289 |
| 29 | 7.1143 | 0.1406 | 0.01145 | 87.3465 | 0.08145 | 12.2777 | 117.1622 | 9.5427 |
| 30 | 7.6123 | 0.1314 | 0.01059 | 94.4608 | 0.08059 | 12.4090 | 120.9718 | 9.7487 |
| 40 | 14.9745 | 0.0668 | 0.00501 | 199.6351 | 0.07501 | 13.3317 | 152.2928 | 11.4233 |
| 50 | 29.4570 | 0.0339 | 0.00246 | 406.5289 | 0.07246 | 13.8007 | 172.9051 | 12.5287 |
| 60 | 57.9464 | 0.0173 | 0.00123 | 813.5204 | 0.07123 | 14.0392 | 185.7677 | 13.2321 |
| 90 | 441.1030 | 0.0023 | 0.00016 | 6287.1900 | 0.07016 | 14.2533 | 200.7042 | 14.0812 |
| 100 | 867.7163 | 0.0012 | 0.00008 | 12382.0000 | 0.07008 | 14.2693 | 202.2001 | 14.1703 |

TABLA DE FACTORES DE INTERES COMPUESTO DISCRETO DE 8%

| 8% | PAGOS UNICOS | | SERIES UNIFORMES | | | | GRADIENTES | |
|---|---|---|---|---|---|---|---|---|
| n | F/Pin | P/Fin | A/Fin | F/Ain | A/Pin | P/Ain | P/Gin | A/Gin |
| 1 | 1.0800 | 0.9259 | 1.00000 | 1.0000 | 1.08000 | 0.9259 | | |
| 2 | 1.1664 | 0.8573 | 0.48077 | 2.0800 | 0.56077 | 1.7833 | 0.8573 | 0.4808 |
| 3 | 1.2597 | 0.7938 | 0.30803 | 3.2464 | 0.38803 | 2.5771 | 2.4450 | 0.9487 |
| 4 | 1.3605 | 0.7350 | 0.22192 | 4.5061 | 0.30192 | 3.3121 | 4.6501 | 1.4040 |
| 5 | 1.4693 | 0.6806 | 0.17046 | 5.8666 | 0.25046 | 3.9927 | 7.3724 | 1.8465 |
| 6 | 1.5869 | 0.6302 | 0.13632 | 7.3359 | 0.21632 | 4.6229 | 10.5233 | 2.2763 |
| 7 | 1.7138 | 0.5835 | 0.11207 | 8.9228 | 0.19207 | 5.2064 | 14.0242 | 2.6937 |
| 8 | 1.8509 | 0.5403 | 0.09401 | 10.6366 | 0.17401 | 5.7466 | 17.8061 | 3.0985 |
| 9 | 1.9990 | 0.5002 | 0.08008 | 12.4876 | 0.16008 | 6.2469 | 21.8081 | 3.4910 |
| 10 | 2.1589 | 0.4632 | 0.06903 | 14.4866 | 0.14903 | 6.7101 | 25.9768 | 3.8713 |
| 11 | 2.3316 | 0.4289 | 0.06008 | 16.6455 | 0.14008 | 7.1390 | 30.2657 | 4.2395 |
| 12 | 2.5182 | 0.3971 | 0.05270 | 18.9771 | 0.13270 | 7.5361 | 34.6339 | 4.5957 |
| 13 | 2.7196 | 0.3677 | 0.04652 | 21.4953 | 0.12652 | 7.9038 | 39.0463 | 4.9402 |
| 14 | 2.9372 | 0.3405 | 0.04130 | 24.2149 | 0.12130 | 8.2442 | 43.4723 | 5.2731 |
| 15 | 3.1722 | 0.3152 | 0.03683 | 27.1521 | 0.11683 | 8.5595 | 47.8857 | 5.5945 |
| 16 | 3.4259 | 0.2919 | 0.03298 | 30.3243 | 0.11298 | 8.8514 | 52.2640 | 5.9046 |
| 17 | 3.7000 | 0.2703 | 0.02963 | 33.7502 | 0.10963 | 9.1216 | 56.5883 | 6.2037 |
| 18 | 3.9960 | 0.2502 | 0.02670 | 37.4502 | 0.10670 | 9.3719 | 60.8426 | 6.4920 |
| 19 | 4.3157 | 0.2317 | 0.02413 | 41.4463 | 0.10413 | 9.6036 | 65.0134 | 6.7697 |
| 20 | 4.6610 | 0.2145 | 0.02185 | 45.7620 | 0.10185 | 9.8181 | 69.0898 | 7.0369 |
| 21 | 5.0338 | 0.1987 | 0.01983 | 50.4229 | 0.09983 | 10.0168 | 73.0629 | 7.2940 |
| 22 | 5.4365 | 0.1839 | 0.01803 | 55.4568 | 0.09803 | 10.2007 | 76.9257 | 7.5412 |
| 23 | 5.8715 | 0.1703 | 0.01642 | 60.8933 | 0.09642 | 10.3711 | 80.6726 | 7.7786 |
| 24 | 6.3412 | 0.1577 | 0.01498 | 66.7648 | 0.09498 | 10.5288 | 84.2997 | 8.0066 |
| 25 | 6.8485 | 0.1460 | 0.01368 | 73.1059 | 0.09368 | 10.6748 | 87.8041 | 8.2254 |
| 26 | 7.3964 | 0.1352 | 0.01251 | 79.9544 | 0.09251 | 10.8100 | 91.1842 | 8.4352 |
| 27 | 7.9881 | 0.1252 | 0.01145 | 87.3508 | 0.09145 | 10.9352 | 94.4390 | 8.6363 |
| 28 | 8.6271 | 0.1159 | 0.01049 | 95.3388 | 0.09049 | 11.0511 | 97.5687 | 8.8289 |
| 29 | 9.3173 | 0.1073 | 0.00962 | 103.9659 | 0.08962 | 11.1584 | 100.5738 | 9.0133 |
| 30 | 10.0627 | 0.0994 | 0.00883 | 113.2832 | 0.08883 | 11.2578 | 103.4558 | 9.1897 |
| 40 | 21.7245 | 0.0460 | 0.00386 | 259.0565 | 0.08386 | 11.9246 | 126.0422 | 10.5699 |
| 50 | 46.9016 | 0.0213 | 0.00174 | 573.7702 | 0.08174 | 12.2335 | 139.5928 | 11.4107 |
| 60 | 101.2571 | 0.0099 | 0.00080 | 1253.2133 | 0.08080 | 12.3766 | 147.3000 | 11.9015 |
| 90 | 1018.9151 | 0.0010 | 0.00008 | 12723.938 | 0.08008 | 12.4877 | 154.9925 | 12.4116 |
| 100 | 2199.7613 | 0.0005 | 0.00004 | 27484.515 | 0.08004 | 12.4943 | 155.6107 | 12.4545 |

TABLA DE FACTORES DE INTERES COMPUESTO DISCRETO DE 9%

| 9% | PAGOS UNICOS | | SERIES UNIFORMES | | | | GRADIENTES | |
|---|---|---|---|---|---|---|---|---|
| n | F/Pin | P/Fin | A/Fin | F/Ain | A/Pin | P/Ain | P/Gin | A/Gin |
| 1 | 1.0900 | 0.9174 | 1.00000 | 1.0000 | 1.09000 | 0.9174 | | |
| 2 | 1.1881 | 0.8417 | 0.47847 | 2.0900 | 0.56847 | 1.7591 | 0.8417 | 0.4785 |
| 3 | 1.2950 | 0.7722 | 0.30505 | 3.2781 | 0.39505 | 2.5313 | 2.3860 | 0.9426 |
| 4 | 1.4116 | 0.7084 | 0.21867 | 4.5731 | 0.30867 | 3.2397 | 4.5113 | 1.3925 |
| 5 | 1.5386 | 0.6499 | 0.16709 | 5.9847 | 0.25709 | 3.8897 | 7.1110 | 1.8282 |
| 6 | 1.6771 | 0.5963 | 0.13292 | 7.5233 | 0.22292 | 4.4859 | 10.0924 | 2.2498 |
| 7 | 1.8280 | 0.5470 | 0.10869 | 9.2004 | 0.19869 | 5.0330 | 13.3746 | 2.6574 |
| 8 | 1.9926 | 0.5019 | 0.09067 | 11.0285 | 0.18067 | 5.5348 | 16.8877 | 3.0512 |
| 9 | 2.1719 | 0.4604 | 0.07680 | 13.0210 | 0.16680 | 5.9952 | 20.5711 | 3.4312 |
| 10 | 2.3674 | 0.4224 | 0.06582 | 15.1929 | 0.15582 | 6.4177 | 24.3728 | 3.7978 |
| 11 | 2.5804 | 0.3875 | 0.05695 | 17.5603 | 0.14695 | 6.8052 | 28.2481 | 4.1510 |
| 12 | 2.8127 | 0.3555 | 0.04965 | 20.1407 | 0.13965 | 7.1607 | 32.1590 | 4.4910 |
| 13 | 3.0658 | 0.3262 | 0.04357 | 22.9534 | 0.13357 | 7.4869 | 36.0731 | 4.8182 |
| 14 | 3.3417 | 0.2992 | 0.03843 | 26.0192 | 0.12843 | 7.7862 | 39.9633 | 5.1326 |
| 15 | 3.6425 | 0.2745 | 0.03406 | 29.3609 | 0.12406 | 8.0607 | 43.8069 | 5.4346 |
| 16 | 3.9703 | 0.2519 | 0.03030 | 33.0034 | 0.12030 | 8.3126 | 47.5849 | 5.7245 |
| 17 | 4.3276 | 0.2311 | 0.02705 | 36.9737 | 0.11705 | 8.5436 | 51.2821 | 6.0024 |
| 18 | 4.7171 | 0.2120 | 0.02421 | 41.3013 | 0.11421 | 8.7556 | 54.8860 | 6.2687 |
| 19 | 5.1417 | 0.1945 | 0.02173 | 46.0185 | 0.11173 | 8.9501 | 58.3868 | 6.5236 |
| 20 | 5.6044 | 0.1784 | 0.01955 | 51.1601 | 0.10955 | 9.1285 | 61.7770 | 6.7674 |
| 21 | 6.1088 | 0.1637 | 0.01762 | 56.7645 | 0.10762 | 9.2922 | 65.0509 | 7.0006 |
| 22 | 6.6586 | 0.1502 | 0.01590 | 62.8733 | 0.10590 | 9.4424 | 68.2048 | 7.2232 |
| 23 | 7.2579 | 0.1378 | 0.01438 | 69.5319 | 0.10438 | 9.5802 | 71.2359 | 7.4357 |
| 24 | 7.9111 | 0.1264 | 0.01302 | 76.7898 | 0.10302 | 9.7066 | 74.1433 | 7.6384 |
| 25 | 8.6231 | 0.1160 | 0.01181 | 84.7009 | 0.10181 | 9.8226 | 76.9265 | 7.8316 |
| 26 | 9.3992 | 0.1064 | 0.01072 | 93.3240 | 0.10072 | 9.9290 | 79.5863 | 8.0156 |
| 27 | 10.2451 | 0.0976 | 0.00973 | 102.7231 | 0.09973 | 10.0266 | 82.1241 | 8.1906 |
| 28 | 11.1671 | 0.0895 | 0.00885 | 112.9682 | 0.09885 | 10.1161 | 84.5419 | 8.3571 |
| 29 | 12.1722 | 0.0822 | 0.00806 | 124.1354 | 0.09806 | 10.1983 | 86.8422 | 8.5154 |
| 30 | 13.2677 | 0.0754 | 0.00734 | 136.3075 | 0.09734 | 10.2737 | 89.0280 | 8.6657 |
| 40 | 31.4094 | 0.0318 | 0.00296 | 337.8824 | 0.09296 | 10.7574 | 105.3762 | 9.7957 |
| 50 | 74.3575 | 0.0134 | 0.00123 | 815.0836 | 0.09123 | 10.9617 | 114.3251 | 10.4295 |
| 60 | 176.0313 | 0.0057 | 0.00051 | 1944.7921 | 0.09051 | 11.0480 | 118.9683 | 10.7683 |
| 90 | 2335.5266 | 0.0004 | 0.00004 | 25939.1842 | 0.09004 | 11.1064 | 122.9758 | 11.0726 |
| 100 | 5529.0400 | 0.0002 | 0.00002 | 61422.6755 | 0.09002 | 11.1091 | 123.2335 | 11.0930 |

TABLA DE FACTORES DE INTERES COMPUESTO DISCRETO DE 10%

| 10% | PAGOS UNICOS | | SERIES UNIFORMES | | | | GRADIENTES | |
|---|---|---|---|---|---|---|---|---|
| n | F/Pin | P/Fin | A/Fin | F/Ain | A/Pin | P/Ain | P/Gin | A/Gin |
| 1 | 1.1000 | 0.9091 | 1.00000 | 1.0000 | 1.10000 | 0.9091 | | |
| 2 | 1.2100 | 0.8264 | 0.47619 | 2.1000 | 0.57619 | 1.7355 | 0.8264 | 0.4762 |
| 3 | 1.3310 | 0.7513 | 0.30211 | 3.3100 | 0.40211 | 2.4869 | 2.3291 | 0.9366 |
| 4 | 1.4641 | 0.6830 | 0.21547 | 4.6410 | 0.31547 | 3.1699 | 4.3781 | 1.3812 |
| 5 | 1.6105 | 0.6209 | 0.16380 | 6.1051 | 0.26380 | 3.7908 | 6.8618 | 1.8101 |
| 6 | 1.7716 | 0.5645 | 0.12961 | 7.7156 | 0.22961 | 4.3553 | 9.6842 | 2.2236 |
| 7 | 1.9487 | 0.5132 | 0.10541 | 9.4872 | 0.20541 | 4.8684 | 12.7631 | 2.6216 |
| 8 | 2.1436 | 0.4665 | 0.08744 | 11.4359 | 0.18744 | 5.3349 | 16.0287 | 3.0045 |
| 9 | 2.3579 | 0.4241 | 0.07364 | 13.5795 | 0.17364 | 5.7590 | 19.4215 | 3.3724 |
| 10 | 2.5937 | 0.3855 | 0.06275 | 15.9374 | 0.16275 | 6.1446 | 22.8913 | 3.7255 |
| 11 | 2.8531 | 0.3505 | 0.05396 | 18.5312 | 0.15396 | 6.4951 | 26.3963 | 4.0641 |
| 12 | 3.1384 | 0.3186 | 0.04676 | 21.3843 | 0.14676 | 6.8137 | 29.9012 | 4.3884 |
| 13 | 3.4523 | 0.2897 | 0.04078 | 24.5227 | 0.14078 | 7.1034 | 33.3772 | 4.6988 |
| 14 | 3.7975 | 0.2633 | 0.03575 | 27.9750 | 0.13575 | 7.3667 | 36.8005 | 4.9955 |
| 15 | 4.1772 | 0.2394 | 0.03147 | 31.7725 | 0.13147 | 7.6061 | 40.1520 | 5.2789 |
| 16 | 4.5950 | 0.2176 | 0.02782 | 35.9497 | 0.12782 | 7.8237 | 43.4164 | 5.5493 |
| 17 | 5.0545 | 0.1978 | 0.02466 | 40.5447 | 0.12466 | 8.0216 | 46.5819 | 5.8071 |
| 18 | 5.5599 | 0.1799 | 0.02193 | 45.5992 | 0.12193 | 8.2014 | 49.6395 | 6.0526 |
| 19 | 6.1159 | 0.1635 | 0.01955 | 51.1591 | 0.11955 | 8.3649 | 52.5827 | 6.2861 |
| 20 | 6.7275 | 0.1486 | 0.01746 | 57.2750 | 0.11746 | 8.5136 | 55.4069 | 6.5081 |
| 21 | 7.4002 | 0.1351 | 0.01562 | 64.0025 | 0.11562 | 8.6487 | 58.1095 | 6.7189 |
| 22 | 8.1403 | 0.1228 | 0.01401 | 71.4027 | 0.11401 | 8.7715 | 60.6893 | 6.9189 |
| 23 | 8.9543 | 0.1117 | 0.01257 | 79.5430 | 0.11257 | 8.8832 | 63.1462 | 7.1085 |
| 24 | 9.8497 | 0.1015 | 0.01130 | 88.4973 | 0.11130 | 8.9847 | 65.4813 | 7.2881 |
| 25 | 10.8347 | 0.0923 | 0.01017 | 98.3471 | 0.11017 | 9.0770 | 67.6964 | 7.4580 |
| 26 | 11.9182 | 0.0839 | 0.00916 | 109.1818 | 0.10916 | 9.1609 | 69.7940 | 7.6186 |
| 27 | 13.1100 | 0.0763 | 0.00826 | 121.0999 | 0.10826 | 9.2372 | 71.7773 | 7.7704 |
| 28 | 14.4210 | 0.0693 | 0.00745 | 134.2099 | 0.10745 | 9.3066 | 73.6495 | 7.9137 |
| 29 | 15.8631 | 0.0630 | 0.00673 | 148.6309 | 0.10673 | 9.3696 | 75.4146 | 8.0489 |
| 30 | 17.4494 | 0.0573 | 0.00608 | 164.4940 | 0.10608 | 9.4269 | 77.0766 | 8.1792 |
| 40 | 45.2593 | 0.0221 | 0.00226 | 442.5926 | 0.10226 | 9.7791 | 88.9525 | 9.0962 |
| 50 | 117.3909 | 0.0085 | 0.00086 | 1163.9085 | 0.10086 | 9.9148 | 94.8889 | 9.5704 |
| 60 | 304.4816 | 0.0033 | 0.00033 | 3034.8164 | 0.10033 | 9.9672 | 97.7010 | 9.8023 |
| 90 | 5313.0200 | 0.0002 | 0.00002 | 53120.226 | 0.10002 | 9.9981 | 99.8118 | 9.9831 |
| 100 | 13780.6123 | 0.0001 | 0.00001 | | 0.10001 | 9.9993 | 99.9202 | 9.9927 |

TABLA DE FACTORES DE INTERES COMPUESTO DISCRETO DE 11%

| 11% | PAGOS UNICOS | | SERIES UNIFORMES | | | | GRADIENTES | |
|---|---|---|---|---|---|---|---|---|
| n | F/Pin | P/Fin | A/Fin | F/Ain | A/Pin | P/Ain | P/Gin | A/Gin |
| 1 | 1.1100 | 0.9009 | 1.00000 | 1.0000 | 1.11000 | 0.9009 | | |
| 2 | 1.2321 | 0.8116 | 0.47393 | 2.1100 | 0.58393 | 1.7125 | 0.8116 | 0.4739 |
| 3 | 1.3676 | 0.7312 | 0.29921 | 3.3421 | 0.40921 | 2.4437 | 2.2740 | 0.9306 |
| 4 | 1.5181 | 0.6587 | 0.21233 | 4.7097 | 0.32233 | 3.1024 | 4.2502 | 1.3700 |
| 5 | 1.6851 | 0.5935 | 0.16057 | 6.2278 | 0.27057 | 3.6959 | 6.6240 | 1.7923 |
| 6 | 1.8704 | 0.5346 | 0.12638 | 7.9129 | 0.23638 | 4.2305 | 9.2972 | 2.1976 |
| 7 | 2.0762 | 0.4817 | 0.10222 | 9.7833 | 0.21222 | 4.7122 | 12.1872 | 2.5863 |
| 8 | 2.3045 | 0.4339 | 0.08432 | 11.8594 | 0.19432 | 5.1461 | 15.2246 | 2.9585 |
| 9 | 2.5580 | 0.3909 | 0.07060 | 14.1640 | 0.18060 | 5.5370 | 18.3520 | 3.3144 |
| 10 | 2.8394 | 0.3522 | 0.05980 | 16.7220 | 0.16980 | 5.8892 | 21.5217 | 3.6544 |
| 11 | 3.1518 | 0.3173 | 0.05112 | 19.5614 | 0.16112 | 6.2065 | 24.6945 | 3.9788 |
| 12 | 3.4985 | 0.2858 | 0.04403 | 22.7132 | 0.15403 | 6.4924 | 27.8388 | 4.2879 |
| 13 | 3.8833 | 0.2575 | 0.03815 | 26.2116 | 0.14815 | 6.7499 | 30.9290 | 4.5822 |
| 14 | 4.3104 | 0.2320 | 0.03323 | 30.0949 | 0.14323 | 6.9819 | 33.9449 | 4.8619 |
| 15 | 4.7846 | 0.2090 | 0.02907 | 34.4054 | 0.13907 | 7.1909 | 36.8709 | 5.1275 |
| 16 | 5.3109 | 0.1883 | 0.02552 | 39.1899 | 0.13552 | 7.3792 | 39.6953 | 5.3794 |
| 17 | 5.8951 | 0.1696 | 0.02247 | 44.5008 | 0.13247 | 7.5488 | 42.4095 | 5.6180 |
| 18 | 6.5436 | 0.1528 | 0.01984 | 50.3959 | 0.12984 | 7.7016 | 45.0074 | 5.8439 |
| 19 | 7.2633 | 0.1377 | 0.01756 | 56.9395 | 0.12756 | 7.8393 | 47.4856 | 6.0574 |
| 20 | 8.0623 | 0.1240 | 0.01558 | 64.2028 | 0.12558 | 7.9633 | 49.8423 | 6.2590 |
| 21 | 8.9492 | 0.1117 | 0.01384 | 72.2651 | 0.12384 | 8.0751 | 52.0771 | 6.4491 |
| 22 | 9.9336 | 0.1007 | 0.01231 | 81.2143 | 0.12231 | 8.1757 | 54.1912 | 6.6283 |
| 23 | 11.0263 | 0.0907 | 0.01097 | 91.1479 | 0.12097 | 8.2664 | 56.1864 | 6.7969 |
| 24 | 12.2392 | 0.0817 | 0.00979 | 102.1742 | 0.11979 | 8.3481 | 58.0656 | 6.9555 |
| 25 | 13.5855 | 0.0736 | 0.00874 | 114.4133 | 0.11874 | 8.4217 | 59.8322 | 7.1045 |
| 26 | 15.0799 | 0.0663 | 0.00781 | 127.9988 | 0.11781 | 8.4881 | 61.4900 | 7.2443 |
| 27 | 16.7386 | 0.0597 | 0.00699 | 143.0786 | 0.11699 | 8.5478 | 63.0433 | 7.3754 |
| 28 | 18.5799 | 0.0538 | 0.00626 | 159.8173 | 0.11626 | 8.6016 | 64.4965 | 7.4982 |
| 29 | 20.6237 | 0.0485 | 0.00561 | 178.3972 | 0.11561 | 8.6501 | 65.8542 | 7.6131 |
| 30 | 22.8923 | 0.0437 | 0.00502 | 199.0209 | 0.11502 | 8.6938 | 67.1210 | 7.7206 |
| 40 | 65.0009 | 0.0154 | 0.00172 | 581.8261 | 0.11172 | 8.9511 | 75.7789 | 8.4659 |
| 50 | 184.5648 | 0.0054 | 0.00060 | 1668.7712 | 0.11060 | 9.0417 | 79.7341 | 8.8185 |
| 60 | 524.0572 | 0.0019 | 0.00021 | 4755.0658 | 0.11021 | 9.0736 | 81.4461 | 8.9762 |
| 70 | 1488.0191 | 0.0007 | 0.00007 | 13518.3557 | 0.11007 | 9.0848 | 82.1614 | 9.0438 |
| 80 | 4225.1128 | 0.0002 | 0.00003 | 38401.0250 | 0.11003 | 9.0888 | 82.4529 | 9.0720 |

TABLA DE FACTORES DE INTERES COMPUESTO DISCRETO DE 12%

| 12% | PAGOS UNICOS | | SERIES UNIFORMES | | | | GRADIENTES | |
|---|---|---|---|---|---|---|---|---|
| n | F/Pin | P/Fin | A/Fin | F/Ain | A/Pin | P/Ain | P/Gin | A/Gin |
| 1 | 1.1200 | 0.8929 | 1.00000 | 1.0000 | 1.12000 | 0.8929 | | |
| 2 | 1.2544 | 0.7972 | 0.47170 | 2.1200 | 0.59170 | 1.6901 | 0.7972 | 0.4717 |
| 3 | 1.4049 | 0.7118 | 0.29635 | 3.3744 | 0.41635 | 2.4018 | 2.2208 | 0.9246 |
| 4 | 1.5735 | 0.6355 | 0.20923 | 4.7793 | 0.32923 | 3.0373 | 4.1273 | 1.3589 |
| 5 | 1.7623 | 0.5674 | 0.15741 | 6.3528 | 0.27741 | 3.6048 | 6.3970 | 1.7746 |
| 6 | 1.9738 | 0.5066 | 0.12323 | 8.1152 | 0.24323 | 4.1114 | 8.9302 | 2.1720 |
| 7 | 2.2107 | 0.4523 | 0.09912 | 10.0890 | 0.21912 | 4.5638 | 11.6443 | 2.5515 |
| 8 | 2.4760 | 0.4039 | 0.08130 | 12.2997 | 0.20130 | 4.9676 | 14.4714 | 2.9131 |
| 9 | 2.7731 | 0.3606 | 0.06768 | 14.7757 | 0.18768 | 5.3282 | 17.3563 | 3.2574 |
| 10 | 3.1058 | 0.3220 | 0.05698 | 17.5487 | 0.17698 | 5.6502 | 20.2541 | 3.5847 |
| 11 | 3.4785 | 0.2875 | 0.04842 | 20.6546 | 0.16842 | 5.9377 | 23.1288 | 3.8953 |
| 12 | 3.8960 | 0.2567 | 0.04144 | 24.1331 | 0.16144 | 6.1944 | 25.9523 | 4.1897 |
| 13 | 4.3635 | 0.2292 | 0.03568 | 28.0291 | 0.15568 | 6.4235 | 28.7024 | 4.4683 |
| 14 | 4.8871 | 0.2046 | 0.03087 | 32.3926 | 0.15087 | 6.6282 | 31.3624 | 4.7317 |
| 15 | 5.4736 | 0.1827 | 0.02682 | 37.2797 | 0.14682 | 6.8109 | 33.9202 | 4.9803 |
| 16 | 6.1304 | 0.1631 | 0.02339 | 42.7533 | 0.14339 | 6.9740 | 36.3670 | 5.2147 |
| 17 | 6.8660 | 0.1456 | 0.02046 | 48.8837 | 0.14046 | 7.1196 | 38.6973 | 5.4353 |
| 18 | 7.6900 | 0.1300 | 0.01794 | 55.7497 | 0.13794 | 7.2497 | 40.9080 | 5.6427 |
| 19 | 8.6128 | 0.1161 | 0.01576 | 63.4397 | 0.13576 | 7.3658 | 42.9979 | 5.8375 |
| 20 | 9.6463 | 0.1037 | 0.01388 | 72.0524 | 0.13388 | 7.4694 | 44.9676 | 6.0202 |
| 21 | 10.8038 | 0.0926 | 0.01224 | 81.6987 | 0.13224 | 7.5620 | 48.8188 | 6.1913 |
| 22 | 12.1003 | 0.0826 | 0.01081 | 92.5026 | 0.13081 | 7.6446 | 48.5543 | 6.3514 |
| 23 | 13.5523 | 0.0738 | 0.00956 | 104.6029 | 0.12956 | 7.7184 | 50.1776 | 6.5010 |
| 24 | 15.1786 | 0.0659 | 0.00846 | 118.1552 | 0.12846 | 7.7843 | 51.6929 | 6.6406 |
| 25 | 17.0001 | 0.0588 | 0.00750 | 133.3339 | 0.12750 | 7.8431 | 53.1046 | 6.7708 |
| 26 | 19.0401 | 0.0525 | 0.00665 | 150.3339 | 0.12665 | 7.8957 | 54.4177 | 6.8921 |
| 27 | 21.3249 | 0.0469 | 0.00590 | 169.3740 | 0.12590 | 7.9426 | 55.6369 | 7.0049 |
| 28 | 23.8839 | 0.0419 | 0.00524 | 190.6989 | 0.12524 | 7.9844 | 56.7674 | 7.1098 |
| 29 | 26.7499 | 0.0374 | 0.00466 | 214.5828 | 0.12466 | 8.0218 | 57.8141 | 7.2071 |
| 30 | 29.9599 | 0.0334 | 0.00414 | 241.3327 | 0.12414 | 8.0552 | 58.7821 | 7.2974 |
| 40 | 93.0510 | 0.0107 | 0.00130 | 767.0914 | 0.12130 | 8.2438 | 65.1159 | 7.8988 |
| 50 | 289.0022 | 0.0035 | 0.00042 | 2400.0182 | 0.12042 | 8.3045 | 67.7624 | 8.1597 |
| 60 | 897.5969 | 0.0011 | 0.00013 | 7471.6411 | 0.12013 | 8.3240 | 68.8100 | 8.2664 |
| 70 | 2787.7998 | 0.0004 | 0.00004 | 23223.3319 | 0.12004 | 8.3303 | 69.2103 | 8.3082 |
| 80 | 8658.4831 | 0.0001 | 0.00001 | 72145.6925 | 0.12001 | 8.3324 | 69.3594 | 8.3241 |

TABLA DE FACTORE DE INTERES COMPUESTO DISCRETO DE 13%

| 13% | PAGOS UNICOS | | SERIES UNIFORMES | | | | GRADIENTES | |
|---|---|---|---|---|---|---|---|---|
| N | F/Pin | P/Fin | A/Fin | F/Ain | A/Pin | P/Ain | P/Gin | A/Gin |
| 1 | 1.1300 | 0.8850 | 1.00000 | 1.0000 | 1.13000 | 0.88500 | | |
| 2 | 1.2769 | 0.7831 | 0.46948 | 2.1300 | 0.59948 | 1.66810 | 0.7831 | 0.4695 |
| 3 | 1.4429 | 0.6931 | 0.29352 | 3.4069 | 0.42352 | 2.36120 | 2.1692 | 0.9187 |
| 4 | 1.6305 | 0.6133 | 0.20619 | 4.8498 | 0.33619 | 2.97450 | 4.0092 | 1.3479 |
| 5 | 1.8424 | 0.5428 | 0.15431 | 6.4803 | 0.28431 | 3.51720 | 6.1802 | 1.7571 |
| 6 | 2.0820 | 0.4803 | 0.12015 | 8.3227 | 0.25015 | 3.99750 | 8.5818 | 2.1468 |
| 7 | 2.3526 | 0.4251 | 0.09611 | 10.4047 | 0.22611 | 4.42260 | 11.1322 | 2.5171 |
| 8 | 2.6584 | 0.3762 | 0.07839 | 12.7573 | 0.20839 | 4.79880 | 13.7653 | 2.8685 |
| 9 | 3.0040 | 0.3329 | 0.06487 | 15.4157 | 0.19487 | 5.13170 | 16.4284 | 3.2014 |
| 10 | 3.3946 | 0.2946 | 0.05429 | 18.4197 | 0.18429 | 5.42620 | 19.0797 | 3.5162 |
| 11 | 3.8359 | 0.2607 | 0.04584 | 21.8143 | 0.17584 | 5.68690 | 21.6867 | 3.8134 |
| 12 | 4.3345 | 0.2307 | 0.03899 | 25.6502 | 0.16899 | 5.91760 | 24.2244 | 4.0936 |
| 13 | 4.8980 | 0.2042 | 0.03335 | 29.9847 | 0.16335 | 6.12180 | 26.6744 | 4.3573 |
| 14 | 5.5348 | 0.1807 | 0.02867 | 34.8827 | 0.15867 | 6.30250 | 29.0232 | 4.6050 |
| 15 | 6.2543 | 0.1599 | 0.02474 | 40.4176 | 0.15474 | 6.46240 | 31.2617 | 4.8375 |
| 16 | 7.0673 | 0.1415 | 0.02143 | 46.6717 | 0.15143 | 6.60390 | 33.3841 | 5.0552 |
| 17 | 7.9861 | 0.1252 | 0.01861 | 53.7391 | 0.14861 | 6.72910 | 35.3876 | 5.2589 |
| 18 | 9.0243 | 0.1108 | 0.01620 | 61.7251 | 0.14620 | 6.83990 | 37.2714 | 5.4491 |
| 19 | 10.1974 | 0.0981 | 0.01413 | 70.7494 | 0.14413 | 6.93800 | 39.0366 | 5.6265 |
| 20 | 11.5231 | 0.0868 | 0.01235 | 80.9468 | 0.14235 | 7.02480 | 40.6854 | 5.7917 |
| 21 | 13.0211 | 0.0768 | 0.01081 | 92.4699 | 0.14081 | 7.10160 | 42.2214 | 5.9454 |
| 22 | 14.7138 | 0.0680 | 0.00948 | 105.4910 | 0.13948 | 7.16950 | 43.6486 | 6.0881 |
| 23 | 16.6266 | 0.0601 | 0.00832 | 120.2048 | 0.13832 | 7.22970 | 44.9718 | 6.2205 |
| 24 | 18.7881 | 0.0532 | 0.00731 | 136.8315 | 0.13731 | 7.28290 | 46.1960 | 6.3411 |
| 25 | 21.2305 | 0.0471 | 0.00643 | 155.6196 | 0.13643 | 7.33000 | 47.3264 | 6.4566 |
| 26 | 23.9905 | 0.0417 | 0.00565 | 176.8501 | 0.13565 | 7.37170 | 48.3685 | 6.5614 |
| 27 | 27.1093 | 0.0369 | 0.00498 | 200.8406 | 0.13498 | 7.40860 | 49.3276 | 6.6582 |
| 28 | 30.6335 | 0.0326 | 0.00439 | 227.9499 | 0.13439 | 7.44120 | 50.2090 | 6.7474 |
| 29 | 34.6158 | 0.0289 | 0.00387 | 258.5834 | 0.13387 | 7.47010 | 51.0179 | 6.8296 |
| 30 | 39.1159 | 0.0256 | 0.00341 | 293.1992 | 0.13341 | 7.49570 | 51.7592 | 6.9052 |
| 31 | 44.2010 | 0.0226 | 0.00301 | 332.3151 | 0.13301 | 7.51830 | 52.4380 | 6.9747 |
| 32 | 49.9471 | 0.0200 | 0.00266 | 376.5161 | 0.13266 | 7.53830 | 53.0586 | 7.0385 |
| 33 | 56.4402 | 0.0177 | 0.00234 | 426.4632 | 0.13234 | 7.55600 | 53.6256 | 7.0971 |
| 34 | 63.7774 | 0.0157 | 0.00207 | 482.9034 | 0.13207 | 7.57170 | 54.1430 | 7.1507 |
| 35 | 72.0685 | 0.0139 | 0.00183 | 546.6808 | 0.13183 | 7.58560 | 54.6148 | 7.1998 |

TABLA DE FACTORES DE INTERES COMPUESTO DISCRETO DE 14%

| 14% | PAGOS UNICOS | | SERIES UNIFORMES | | | | GRADIENTES | |
|---|---|---|---|---|---|---|---|---|
| N | F/Pin | P/Fin | A/Fin | F/Ain | A/Pin | P/Ain | P/Gin | A/Gin |
| 1 | 1.1400 | 0.8772 | 1.00000 | 1.0000 | 1.14000 | 0.8772 | | |
| 2 | 1.2996 | 0.7695 | 0.46729 | 2.1400 | 0.60729 | 1.6467 | 0.7695 | 0.4673 |
| 3 | 1.4815 | 0.6750 | 0.29073 | 3.4396 | 0.43073 | 2.3216 | 2.1194 | 0.9129 |
| 4 | 1.6890 | 0.5921 | 0.20320 | 4.9211 | 0.34320 | 2.9137 | 3.8957 | 1.3370 |
| 5 | 1.9254 | 0.5194 | 0.15128 | 6.6101 | 0.29128 | 3.4331 | 5.9731 | 1.7399 |
| 6 | 2.1950 | 0.4556 | 0.11716 | 8.5355 | 0.25716 | 3.8887 | 8.2511 | 2.1218 |
| 7 | 2.5023 | 0.3996 | 0.09319 | 10.7305 | 0.23319 | 4.2883 | 10.6489 | 2.4832 |
| 8 | 2.8526 | 0.3506 | 0.07557 | 13.2328 | 0.21557 | 4.6389 | 13.1028 | 2.8246 |
| 9 | 3.2519 | 0.3075 | 0.06217 | 16.0853 | 0.20217 | 4.9464 | 15.5629 | 3.1463 |
| 10 | 3.7072 | 0.2697 | 0.05171 | 19.3373 | 0.19171 | 5.2161 | 17.9906 | 3.4490 |
| 11 | 4.2262 | 0.2366 | 0.04339 | 23.0445 | 0.18339 | 5.4527 | 20.3567 | 3.7333 |
| 12 | 4.8179 | 0.2076 | 0.03667 | 27.2707 | 0.17667 | 5.6603 | 22.6399 | 3.9998 |
| 13 | 5.4924 | 0.1821 | 0.03116 | 32.0887 | 0.17116 | 5.8424 | 24.8247 | 4.2491 |
| 14 | 6.2613 | 0.1597 | 0.02661 | 37.5811 | 0.16661 | 6.0021 | 26.9009 | 4.4819 |
| 15 | 7.1379 | 0.1401 | 0.02281 | 43.8424 | 0.16281 | 6.1422 | 28.8623 | 4.6990 |
| 16 | 8.1372 | 0.1229 | 0.01962 | 50.9804 | 0.15962 | 6.2651 | 30.7057 | 4.9011 |
| 17 | 9.2765 | 0.1078 | 0.01692 | 59.1176 | 0.15692 | 6.3729 | 32.4305 | 5.0888 |
| 18 | 10.5752 | 0.0946 | 0.01462 | 68.3941 | 0.15462 | 6.4674 | 34.0380 | 5.2630 |
| 19 | 12.0557 | 0.0829 | 0.01266 | 78.9692 | 0.15266 | 6.5504 | 35.5311 | 5.4243 |
| 20 | 13.7435 | 0.0728 | 0.01099 | 91.0249 | 0.15099 | 6.6231 | 36.9135 | 5.5734 |
| 21 | 15.6676 | 0.0638 | 0.00954 | 104.7684 | 0.14954 | 6.6870 | 38.1901 | 5.7111 |
| 22 | 17.8610 | 0.0560 | 0.00830 | 120.4360 | 0.14830 | 6.7429 | 39.3658 | 5.8381 |
| 23 | 20.3616 | 0.0491 | 0.00723 | 138.2970 | 0.14723 | 6.7921 | 40.4463 | 5.9549 |
| 24 | 23.2122 | 0.0431 | 0.00630 | 158.6586 | 0.14630 | 6.8351 | 41.4371 | 6.0624 |
| 25 | 26.4619 | 0.0378 | 0.00550 | 181.8708 | 0.14550 | 6.8729 | 42.3441 | 6.1610 |
| 26 | 30.1666 | 0.0331 | 0.00480 | 208.3327 | 0.14480 | 6.9061 | 43.1728 | 6.2514 |
| 27 | 34.3899 | 0.0291 | 0.00419 | 238.4993 | 0.14419 | 6.9352 | 43.9289 | 6.3342 |
| 28 | 39.2045 | 0.0255 | 0.00366 | 272.8892 | 0.14366 | 6.9607 | 44.6176 | 6.4100 |
| 29 | 44.6931 | 0.0224 | 0.00320 | 312.0937 | 0.14320 | 6.9830 | 45.2441 | 6.7491 |
| 30 | 50.9502 | 0.0196 | 0.00280 | 356.7868 | 0.14280 | 7.0027 | 45.8132 | 6.5423 |
| 40 | 188.8835 | 0.0053 | 0.00075 | 1342.0251 | 0.14075 | 7.1050 | 49.2376 | 6.9300 |
| 50 | 700.2330 | 0.0014 | 0.00020 | 4994.5213 | 0.14020 | 7.1327 | 50.4375 | 7.0714 |
| 60 | 2595.9200 | 0.0004 | 0.00005 | 18535.1333 | 0.14005 | 7.1401 | 50.8357 | 7.1197 |
| 70 | 9623.6400 | 0.0001 | 0.00001 | 68733.1785 | 0.14001 | 7.1421 | 50.9632 | 7.1356 |
| 80 | 35677.0000 | | | | 0.14000 | 7.1427 | 51.0030 | 7.1406 |

TABLA DE FACTORES DE INTERES COMPUESTO DISCRETO DE 15%

| 15% | PAGOS UNICOS | | SERIES UNIFORMES | | | | GRADIENTES | |
|---|---|---|---|---|---|---|---|---|
| N | F/Pin | P/Fin | A/Fin | F/Ain | A/Pin | P/Ain | P/Gin | A/Gin |
| 1 | 1.1500 | 0.8696 | 1.00000 | 1.0000 | 1.15000 | 0.8696 | | |
| 2 | 1.3225 | 0.7561 | 0.46512 | 2.1500 | 0.61512 | 1.6257 | 0.7561 | 0.4651 |
| 3 | 1.5209 | 0.6575 | 0.28798 | 3.4725 | 0.43798 | 2.2832 | 2.0712 | 0.9071 |
| 4 | 1.7490 | 0.5718 | 0.20027 | 4.9934 | 0.35027 | 2.8550 | 3.7864 | 1.3263 |
| 5 | 2.0114 | 0.4972 | 0.14832 | 6.7424 | 0.29832 | 3.3522 | 5.7751 | 1.7228 |
| 6 | 2.3131 | 0.4323 | 0.11424 | 8.7537 | 0.26424 | 3.7845 | 7.9368 | 2.0972 |
| 7 | 2.6600 | 0.3759 | 0.09036 | 11.0668 | 0.24036 | 4.1604 | 10.1924 | 2.4498 |
| 8 | 3.0590 | 0.3269 | 0.07285 | 13.7268 | 0.22285 | 4.4873 | 12.4807 | 2.7813 |
| 9 | 3.5179 | 0.2843 | 0.05957 | 16.7858 | 0.20957 | 4.7716 | 14.7548 | 3.0922 |
| 10 | 4.0456 | 0.2472 | 0.04925 | 20.3037 | 0.19925 | 5.0188 | 16.9795 | 3.3832 |
| 11 | 4.6524 | 0.2149 | 0.04107 | 24.3493 | 0.19107 | 5.2337 | 19.1289 | 3.6549 |
| 12 | 5.3503 | 0.1869 | 0.03448 | 29.0017 | 0.18448 | 5.4206 | 24.1849 | 3.9082 |
| 13 | 6.1528 | 0.1625 | 0.02911 | 34.3519 | 0.17911 | 5.5831 | 23.1352 | 4.1438 |
| 14 | 7.0757 | 0.1413 | 0.02469 | 40.5047 | 0.17469 | 5.7245 | 24.9725 | 4.3624 |
| 15 | 8.1371 | 0.1229 | 0.02102 | 47.5804 | 0.17102 | 5.8474 | 26.6930 | 4.5650 |
| 16 | 9.3576 | 0.1069 | 0.01795 | 55.7175 | 0.16795 | 5.9542 | 28.2960 | 4.7522 |
| 17 | 10.7613 | 0.0929 | 0.01537 | 65.0751 | 0.16537 | 6.0472 | 29.7828 | 4.9251 |
| 18 | 12.3755 | 0.0808 | 0.01319 | 75.8364 | 0.16319 | 6.1280 | 31.1565 | 5.0843 |
| 19 | 14.2318 | 0.0703 | 0.01134 | 88.2118 | 0.16134 | 6.1982 | 32.4213 | 5.2307 |
| 20 | 16.3665 | 0.0611 | 0.00976 | 102.4436 | 0.15976 | 6.2593 | 33.5822 | 5.3651 |
| 21 | 18.8215 | 0.0531 | 0.00842 | 118.8101 | 0.15842 | 6.3125 | 34.6448 | 5.4883 |
| 22 | 21.6447 | 0.0462 | 0.00727 | 137.6316 | 0.15727 | 6.3587 | 35.6150 | 5.6010 |
| 23 | 24.8915 | 0.0402 | 0.00628 | 159.2764 | 0.15628 | 6.3988 | 36.4988 | 5.7040 |
| 24 | 28.6252 | 0.0349 | 0.00543 | 184.1678 | 0.15543 | 6.4338 | 37.3023 | 5.7979 |
| 25 | 32.9190 | 0.0304 | 0.00470 | 212.7930 | 0.15470 | 6.4641 | 38.0314 | 5.8834 |
| 26 | 37.8568 | 0.0264 | 0.00407 | 245.7120 | 0.15407 | 6.4906 | 38.6918 | 5.9612 |
| 27 | 43.5353 | 0.0230 | 0.00353 | 283.5688 | 0.15353 | 6.5135 | 39.2890 | 6.0319 |
| 28 | 50.0656 | 0.0200 | 0.00306 | 327.1041 | 0.15306 | 6.5335 | 39.8283 | 6.0960 |
| 29 | 57.5755 | 0.0174 | 0.00265 | 377.1697 | 0.15265 | 6.5509 | 40.3146 | 6.1541 |
| 30 | 66.2118 | 0.0151 | 0.00230 | 434.7451 | 0.15230 | 6.5660 | 40.7526 | 6.2066 |
| 40 | 267.8635 | 0.0037 | 0.00056 | 1779.0900 | 0.15056 | 6.6418 | 43.2830 | 6.5168 |
| 50 | 1083.6574 | 0.0009 | 0.00014 | 7217.7163 | 0.15014 | 6.6605 | 44.0958 | 6.6205 |
| 60 | 4383,9987 | 0.0002 | 0.00003 | 29219.9916 | 0.15003 | 6.6651 | 44.3431 | 6.6530 |
| 70 | 17735,7200 | 0.0001 | 0.00001 | | 0.15001 | 6.6663 | 44.4156 | 6.6627 |
| 80 | 71750.8794 | | | | 0.15000 | 6.6666 | 44.4364 | 6.6656 |

TABLA DE FACTORES DE INTERES COMPUESTO DISCRETO DE 16%

| 16% | PAGOS UNICOS | | SERIES UNIFORMES | | | | GRADIENTES | |
|---|---|---|---|---|---|---|---|---|
| N | F/Pin | P/Fin | A/Fin | F/Ain | A/Pin | P/Ain | P/Gin | A/Gin |
| 1 | 1.1600 | 0.8621 | 1.00000 | 1.0000 | 1.16000 | 0.8621 | | |
| 2 | 1.3456 | 0.7432 | 0.46296 | 2.1600 | 0.62296 | 1.6052 | 0.7432 | 0.4630 |
| 3 | 1.5609 | 0.6407 | 0.28526 | 3.5056 | 0.44526 | 2.2459 | 2.0245 | 0.9014 |
| 4 | 1.8106 | 0.5523 | 0.19738 | 5.0665 | 0.35738 | 2.7982 | 3.6814 | 1.3156 |
| 5 | 2.1003 | 0.4761 | 0.14541 | 6.8771 | 0.30541 | 3.2743 | 5.5858 | 1.7060 |
| 6 | 2.4364 | 0.4104 | 0.11139 | 8.9775 | 0.27139 | 3.6847 | 7.6380 | 2.0729 |
| 7 | 2.8262 | 0.3538 | 0.08761 | 11.4139 | 0.24761 | 4.0386 | 9.7610 | 2.4169 |
| 8 | 3.2784 | 0.3050 | 0.07022 | 14.2401 | 0.23022 | 4.3436 | 11.8962 | 2.7388 |
| 9 | 3.8030 | 0.2630 | 0.05708 | 17.5185 | 0.21708 | 4.6065 | 13.9998 | 3.0391 |
| 10 | 4.4114 | 0.2267 | 0.04690 | 21.3215 | 0.20690 | 4.8332 | 16.0399 | 3.3187 |
| 11 | 5.1173 | 0.1954 | 0.03886 | 25.7329 | 0.19886 | 5.0286 | 17.9941 | 3.5783 |
| 12 | 5.9360 | 0.1685 | 0.03241 | 38.8502 | 0.19241 | 5.1971 | 19.8472 | 3.8189 |
| 13 | 6.8858 | 0.1452 | 0.02718 | 36.7862 | 0.18718 | 5.3423 | 21.5899 | 4.0413 |
| 14 | 7.9875 | 0.1252 | 0.02290 | 43.6720 | 0.18290 | 5.4675 | 23.2175 | 4.2464 |
| 15 | 9.2655 | 0.1079 | 0.01936 | 51.6595 | 0.17936 | 5.5755 | 24.7284 | 4.4352 |
| 16 | 10.7480 | 0.0930 | 0.01641 | 60.9250 | 0.17641 | 5.6685 | 26.1241 | 4.6086 |
| 17 | 12.4677 | 0.0802 | 0.01395 | 71.6730 | 0.17395 | 5.7487 | 27.4074 | 4.7676 |
| 18 | 14.4625 | 0.0691 | 0.01188 | 84.1407 | 0.17188 | 5.8178 | 28.5828 | 4.9130 |
| 19 | 16.7765 | 0.0596 | 0.01014 | 98.6032 | 0.17014 | 5.8775 | 29.6557 | 5.0457 |
| 20 | 19.4608 | 0.0514 | 0.00867 | 115.3797 | 0.16867 | 5.9288 | 30.6321 | 5.1666 |
| 22 | 26.1864 | 0.0382 | 0.00635 | 157.4150 | 0.16635 | 6.0113 | 32.3200 | 5.3765 |
| 24 | 35.2364 | 0.0284 | 0.00467 | 213.9776 | 0.16467 | 6.0726 | 33.6970 | 5.5490 |
| 26 | 47.4141 | 0.0211 | 0.00345 | 290.0883 | 0.16345 | 6.1182 | 34.8114 | 5.6898 |
| 28 | 63.8004 | 0.0157 | 0.00255 | 392.5028 | 0.16255 | 6.1520 | 35.7073 | 5.8041 |
| 30 | 85.8499 | 0.0116 | 0.00189 | 530.3117 | 0.16189 | 6.1772 | 36.4234 | 5.8964 |
| 32 | 115.5196 | 0.0087 | 0.00140 | 715.7475 | 0.16140 | 6.1959 | 36.9930 | 5.9706 |
| 34 | 155.4432 | 0.0064 | 0.00104 | 965.2698 | 0.16104 | 6.2098 | 37.4441 | 6.0299 |
| 35 | 180.3141 | 0.0055 | 0.00089 | 1120.7100 | 0.16089 | 6.2153 | 37.6327 | 6.0548 |
| 36 | 209.1643 | 0.0048 | 0.00077 | 1301.0300 | 0.16077 | 6.2201 | 37.8000 | 6.0771 |
| 38 | 281.4515 | 0.0036 | 0.00057 | 1752.8200 | 0.16057 | 6.2278 | 38.0799 | 6.1145 |
| 40 | 378.7212 | 0.0026 | 0.00042 | 2360.7572 | 0.16042 | 6.2335 | 38.2992 | 6.1441 |
| 45 | 795.4438 | 0.0013 | 0.00020 | 4965.2739 | 0.16020 | 6.2421 | 38.6598 | 6.1934 |
| 50 | 1670.7038 | 0.0006 | 0.00010 | 10435.6488 | 0.16010 | 6.2463 | 38.8521 | 6.2201 |
| 55 | 3509.0488 | 0.0003 | 0.00005 | 21925.0000 | 0.16005 | 6.2482 | 38.9534 | 6.2343 |
| 60 | 7370.2014 | 0.0001 | 0.00002 | 46058.0000 | 0.16002 | 6.2492 | 39.0063 | 6.2419 |

TABLA DE FACTORES DE INTERES COMPUESTO DISCRETO DE 17%

| 17% | PAGOS UNICOS | | SERIES UNIFORMES | | | | GRADIENTES | |
|---|---|---|---|---|---|---|---|---|
| N | F/Pin | P/Fin | A/Fin | F/Ain | A/Pin | P/Ain | P/Gin | A/Gin |
| 1 | 1.1700 | 0.8547 | 1.00000 | 1.0000 | 1.17000 | 0.8547 | | |
| 2 | 1.3689 | 0.7305 | 0.46083 | 2.1700 | 0.63083 | 1.5852 | 0.7305 | 0.4608 |
| 3 | 1.6016 | 0.6244 | 0.28257 | 3.5389 | 0.45257 | 2.2096 | 1.9793 | 0.8958 |
| 4 | 1.8739 | 0.5337 | 0.19453 | 5.1405 | 0.36453 | 2.7432 | 3.5802 | 1.3051 |
| 5 | 2.1924 | 0.4561 | 0.14256 | 7.0144 | 0.31256 | 3.1993 | 5.4046 | 1.6893 |
| 6 | 2.5652 | 0.3898 | 0.10861 | 9.2068 | 0.27861 | 3.5892 | 7.3538 | 2.0489 |
| 7 | 3.0012 | 0.3332 | 0.08495 | 11.7720 | 0.25495 | 3.9224 | 9.3530 | 2.3845 |
| 8 | 3.5115 | 0.2848 | 0.06769 | 14.7733 | 0.23769 | 4.2072 | 11.3465 | 2.6969 |
| 9 | 4.1084 | 0.2434 | 0.05469 | 18.2847 | 0.22469 | 4.4506 | 13.2937 | 2.9870 |
| 10 | 4.8068 | 0.2080 | 0.04466 | 22.3931 | 0.21466 | 4.6586 | 15.1661 | 3.2555 |
| 11 | 5.6240 | 0.1778 | 0.03676 | 27.1999 | 0.20676 | 4.8364 | 16.9442 | 3.5035 |
| 12 | 6.5801 | 0.1520 | 0.03047 | 32.8239 | 0.20047 | 4.9884 | 18.6159 | 3.7318 |
| 13 | 7.6987 | 0.1299 | 0.02538 | 39.4040 | 0.19538 | 5.1183 | 20.1746 | 3.9417 |
| 14 | 9.0075 | 0.1110 | 0.02123 | 47.1027 | 0.19123 | 5.2293 | 21.6178 | 4.1340 |
| 15 | 10.5387 | 0.0949 | 0.01782 | 56.1101 | 0.18782 | 5.3242 | 22.9463 | 4.3098 |
| 16 | 12.3303 | 0.0811 | 0.01500 | 66.6488 | 0.18500 | 5.4053 | 24.1628 | 4.4702 |
| 17 | 14.4265 | 0.0693 | 0.01266 | 78.9792 | 0.18266 | 5.4746 | 25.2719 | 4.6162 |
| 18 | 16.8790 | 0.0592 | 0.01071 | 93.4056 | 0.18071 | 5.5339 | 26.2790 | 4.7488 |
| 19 | 19.7484 | 0.0506 | 0.00907 | 110.2846 | 0.17907 | 5.5845 | 27.1905 | 4.8689 |
| 20 | 23.1056 | 0.0433 | 0.00769 | 130.0329 | 0.17769 | 5.6278 | 28.0128 | 4.9776 |
| 21 | 27.0336 | 0.0370 | 0.00653 | 153.1385 | 0.17653 | 5.6648 | 27.7526 | 5.0757 |
| 22 | 31.6293 | 0.0316 | 0.00555 | 180.1721 | 0.17555 | 5.6964 | 29.4166 | 5.1641 |
| 23 | 37.0062 | 0.0270 | 0.00472 | 211.8013 | 0.17472 | 5.7234 | 30.0111 | 5.2436 |
| 24 | 43.2973 | 0.0231 | 0.00402 | 248.8076 | 0.17402 | 5.7465 | 30.5423 | 5.3149 |
| 25 | 50.6578 | 0.0197 | 0.00342 | 292.1049 | 0.17342 | 5.7662 | 31.0160 | 5.3789 |
| 26 | 59.2697 | 0.0169 | 0.00292 | 342.7627 | 0.17292 | 5.7831 | 31.4378 | 5.4362 |
| 27 | 69.3455 | 0.0144 | 0.00249 | 402.0323 | 0.17249 | 5.7975 | 31.8128 | 5.4873 |
| 28 | 81.1342 | 0.0123 | 0.00212 | 471.3778 | 0.17212 | 5.8099 | 32.1456 | 5.5329 |
| 29 | 94.9271 | 0.0105 | 0.00181 | 552.5121 | 0.17181 | 5.8204 | 32.4405 | 5.5736 |
| 30 | 111.0647 | 0.0090 | 0.00154 | 647.4391 | 0.17154 | 5.8294 | 32.7016 | 5.6098 |
| 40 | 533.8687 | 0.0019 | 0.00032 | 3134.5218 | 0.17032 | 5.8713 | 34.0965 | 5.8073 |
| 45 | 1170.4794 | 0.0009 | 0.00015 | 6879.2907 | 0.17015 | 5.8773 | 34.3464 | 5.8439 |
| 50 | 2566.2153 | 0.0004 | 0.00007 | 15089.5017 | 0.17007 | 5.8801 | 34.4740 | 5.8629 |
| 55 | 5626.2937 | 0.0002 | 0.00003 | 33089.9677 | 0.17003 | 5.8813 | 34.5384 | 5.8726 |
| 60 | 12335.3565 | 0.0001 | 0.00001 | 72555.0381 | 0.17001 | 5.8819 | 34.5707 | 5.8775 |

TABLA DE FACTORES DE INTERES COMPUESTO DISCRETO DE 18%

| 18% | PAGOS UNICOS | | SERIES UNIFORMES | | | | GRADIENTES | |
|---|---|---|---|---|---|---|---|---|
| N | F/Pin | P/Fin | A/Fin | F/Ain | A/Pin | P/Ain | P/Gin | A/Gin |
| 1 | 1.1800 | 0.8475 | 1.00000 | 1.0000 | 1.18000 | 0.8475 | | |
| 2 | 1.3924 | 0.7182 | 0.45872 | 2.1800 | 0.63872 | 1.5656 | 0.7182 | 0.4587 |
| 3 | 1.6430 | 0.6086 | 0.27992 | 3.5724 | 0.45992 | 2.1743 | 1.9354 | 0.8902 |
| 4 | 1.9388 | 0.5158 | 0.19174 | 5.2154 | 0.37174 | 2.6901 | 3.4828 | 1.2947 |
| 5 | 2.2878 | 0.4371 | 0.13978 | 7.1542 | 0.31978 | 3.1272 | 5.2312 | 1.6728 |
| 6 | 2.6996 | 0.3704 | 0.10591 | 9.4420 | 0.28591 | 3.4976 | 7.0834 | 2.0252 |
| 7 | 3.1855 | 0.3139 | 0.08236 | 12.1415 | 0.26236 | 3.8115 | 8.9670 | 2.3526 |
| 8 | 3.7589 | 0.2660 | 0.06524 | 15.3270 | 0.24524 | 4.0776 | 10.8292 | 2.6558 |
| 9 | 4.4355 | 0.2255 | 0.05239 | 19.0859 | 0.23239 | 4.3030 | 12.6329 | 2.9358 |
| 10 | 5.2338 | 0.1911 | 0.04251 | 23.5213 | 0.22251 | 4.4941 | 14.3525 | 3.1936 |
| 11 | 6.1759 | 0.1619 | 0.03478 | 28.7551 | 0.21478 | 4.6560 | 15.9716 | 3.4303 |
| 12 | 7.2876 | 0.1372 | 0.02863 | 34.9311 | 0.20863 | 4.7932 | 17.4811 | 3.6470 |
| 13 | 8.5994 | 0.1163 | 0.02369 | 42.2187 | 0.20369 | 4.9095 | 18.8765 | 3.8449 |
| 14 | 10.1472 | 0.0985 | 0.01968 | 50.8180 | 0.19968 | 5.0081 | 20.1576 | 4.0250 |
| 15 | 11.9737 | 0.0835 | 0.01640 | 60.9653 | 0.19640 | 5.0916 | 21.3269 | 4.1887 |
| 16 | 14.1290 | 0.0708 | 0.01371 | 72.9390 | 0.19371 | 5.1624 | 22.3885 | 4.3369 |
| 17 | 16.6722 | 0.0600 | 0.01149 | 87.0680 | 0.19149 | 5.2223 | 23.3482 | 4.4708 |
| 18 | 19.6733 | 0.0508 | 0.00964 | 103.7403 | 0.18964 | 5.2732 | 24.2123 | 4.5916 |
| 19 | 23.2144 | 0.0431 | 0.00810 | 123.4135 | 0.18810 | 5.3162 | 24.9877 | 4.7003 |
| 20 | 27.3930 | 0.0365 | 0.00682 | 146.6280 | 0.18682 | 5.3527 | 25.6813 | 4.7978 |
| 21 | 32.3238 | 0.0309 | 0.00575 | 174.0210 | 0.18575 | 5.3837 | 26.3000 | 4.8851 |
| 22 | 38.1421 | 0.0262 | 0.00485 | 206.3448 | 0.18485 | 5.4099 | 26.8506 | 4.9632 |
| 23 | 45.0076 | 0.0222 | 0.00409 | 244.4868 | 0.18409 | 5.4321 | 27.3394 | 5.0329 |
| 24 | 53.1090 | 0.0188 | 0.00345 | 289.4945 | 0.18345 | 5.4509 | 27.7725 | 5.0950 |
| 25 | 62.6686 | 0.0160 | 0.00292 | 342.6035 | 0.18292 | 5.4669 | 28.1555 | 5.1502 |
| 26 | 73.9490 | 0.0135 | 0.00247 | 405.2721 | 0.18247 | 5.4804 | 28.4935 | 5.1991 |
| 27 | 87.2598 | 0.0115 | 0.00209 | 479.2211 | 0.18209 | 5.4919 | 28.7915 | 5.2425 |
| 28 | 102.9666 | 0.0097 | 0.00177 | 566.4809 | 0.18177 | 5.5016 | 29.0537 | 5.2810 |
| 29 | 121.5005 | 0.0082 | 0.00149 | 669.4475 | 0.18149 | 5.5098 | 29.2842 | 5.3149 |
| 30 | 143.3706 | 0.0070 | 0.00126 | 790.9480 | 0.18126 | 5.5168 | 29.4864 | 5.3448 |
| 40 | 750.3783 | 0.0013 | 0.00024 | 4163.2130 | 0.18024 | 5.5482 | 30.5269 | 5.5022 |
| 45 | 1716.6800 | 0.0006 | 0.00010 | 9531.5771 | 0.18010 | 5.5523 | 30.7006 | 5.5293 |
| 50 | 3927.3600 | 0.0003 | 0.00005 | 21813.0937 | 0.18005 | 5.5541 | 30.7856 | 5.5428 |
| 55 | 8984.8400 | 0.0001 | 0.00002 | 49910.2284 | 0.18002 | 5.5549 | 30.8268 | 5.5494 |
| 60 | 20555.0000 | | 0.00001 | 114190.0000 | 0.18001 | 5.5553 | 30.8465 | 5.5526 |

TABLA DE FACTORES DE INTERES COMPUESTO DISCRETO DE 19%

| 19% | PAGOS UNICOS | | SERIES UNIFORMES | | | | GRADIENTES | |
|---|---|---|---|---|---|---|---|---|
| N | F/Pin | P/Fin | A/Fin | F/Ain | A/Pin | P/Ain | P/Gin | A/Gin |
| 1 | 1.1900 | 0.8403 | 1.00000 | 1.0000 | 1.19000 | 0.8403 | | |
| 2 | 1.4161 | 0.7062 | 0.45662 | 2.1900 | 0.64662 | 1.5465 | 0.7062 | 0.4566 |
| 3 | 1.6852 | 0.5934 | 0.27731 | 3.6061 | 0.46731 | 2.1399 | 1.8930 | 0.8846 |
| 4 | 2.0053 | 0.4987 | 0.18899 | 5.2913 | 0.37899 | 2.6386 | 3.3890 | 1.2844 |
| 5 | 2.3864 | 0.4190 | 0.13705 | 7.2966 | 0.32705 | 3.0576 | 5.0652 | 1.6566 |
| 6 | 2.8398 | 0.3521 | 0.10327 | 9.6830 | 0.29327 | 3.4098 | 6.8259 | 2.0019 |
| 7 | 3.3793 | 0.2959 | 0.07985 | 12.5227 | 0.26985 | 3.7057 | 8.6014 | 2.3211 |
| 8 | 4.0214 | 0.2487 | 0.06289 | 15.9020 | 0.25289 | 3.9544 | 10.3421 | 2.6154 |
| 9 | 4.7854 | 0.2090 | 0.05019 | 19.9234 | 0.24019 | 4.1633 | 12.0138 | 2.8856 |
| 10 | 5.6947 | 0.1756 | 0.04047 | 24.7089 | 0.23047 | 4.3389 | 13.5943 | 3.1331 |
| 11 | 6.7767 | 0.1476 | 0.03289 | 30.4035 | 0.22289 | 4.4865 | 15.0699 | 3.3589 |
| 12 | 8.0642 | 0.1240 | 0.02690 | 37.1802 | 0.21690 | 4.6105 | 16.4340 | 3.5645 |
| 13 | 9.5964 | 0.1042 | 0.02210 | 45.2445 | 0.21210 | 4.7147 | 17.6844 | 3.7509 |
| 14 | 11.4198 | 0.0876 | 0.01823 | 54.8409 | 0.20823 | 4.8023 | 18.8228 | 3.9196 |
| 15 | 13.5895 | 0.0736 | 0.01509 | 66.2607 | 0.20509 | 4.8759 | 19.8530 | 4.0717 |
| 16 | 16.1715 | 0.0618 | 0.01252 | 79.8502 | 0.20252 | 4.9377 | 20.7806 | 4.2086 |
| 17 | 19.2441 | 0.0520 | 0.01041 | 96.0218 | 0.20041 | 4.9897 | 21.6120 | 4.3314 |
| 18 | 22.9005 | 0.0437 | 0.00868 | 115.2659 | 0.19868 | 5.0333 | 22.3543 | 4.4413 |
| 19 | 27.2516 | 0.0367 | 0.00724 | 138.1664 | 0.19724 | 5.0700 | 23.0148 | 4.5394 |
| 20 | 32.4294 | 0.0308 | 0.00605 | 165.4180 | 0.19605 | 5.1009 | 23.6007 | 4.6268 |
| 21 | 38.5910 | 0.0259 | 0.00505 | 197.8474 | 0.19505 | 5.1268 | 24.1190 | 4.7045 |
| 22 | 45.9233 | 0.0218 | 0.00423 | 236.4385 | 0.19423 | 5.1486 | 24.5763 | 4.7734 |
| 23 | 54.6487 | 0.0183 | 0.00354 | 282.3618 | 0.19354 | 5.1668 | 24.9788 | 4.8344 |
| 24 | 65.0320 | 0.0154 | 0.00297 | 337.0105 | 0.19297 | 5.1822 | 25.3325 | 4.8883 |
| 25 | 77.3881 | 0.0129 | 0.00249 | 402.0425 | 0.19249 | 5.1951 | 25.6426 | 4.9359 |
| 26 | 92.0918 | 0.0109 | 0.00209 | 479.4306 | 0.19209 | 5.2060 | 25.9141 | 4.9777 |
| 27 | 109.5893 | 0.0091 | 0.00175 | 571.5524 | 0.19175 | 5.2151 | 26.1514 | 5.0145 |
| 28 | 130.4112 | 0.0077 | 0.00147 | 681.1116 | 0.19147 | 5.2228 | 26.3584 | 5.0468 |
| 29 | 155.1893 | 0.0064 | 0.00123 | 811.5228 | 0.19123 | 5.2292 | 26.5388 | 5.0751 |
| 30 | 184.6753 | 0.0054 | 0.00103 | 966.7122 | 0.19103 | 5.2347 | 26.6958 | 5.0998 |

TABLA DE FACTORES DE INTERES COMPUESTO DISCRETO DE 20%

| 20% | PAGOS UNICOS | | SERIES UNIFORMES | | | | GRADIENTES | |
|---|---|---|---|---|---|---|---|---|
| N | F/Pin | P/Fin | A/Fin | F/Ain | A/Pin | P/Ain | P/Gin | A/Gin |
| 1 | 1.2000 | 0.8333 | 1.00000 | 1.0000 | 1.20000 | 0.8333 | | |
| 2 | 1.4400 | 0.6944 | 0.45455 | 2.2000 | 0.65455 | 1.5278 | 0.6944 | 0.4545 |
| 3 | 1.7280 | 0.5787 | 0.27473 | 3.6400 | 0.47473 | 2.1065 | 1.8519 | 0.8791 |
| 4 | 2.0736 | 0.4823 | 0.18629 | 5.3680 | 0.38629 | 2.5887 | 3.2986 | 1.2742 |
| 5 | 2.4883 | 0.4019 | 0.13438 | 7.4416 | 0.33438 | 2.9906 | 4.9061 | 1.6405 |
| 6 | 2.9860 | 0.3349 | 0.10071 | 9.9299 | 0.30071 | 3.3255 | 6.5806 | 1.9788 |
| 7 | 3.5832 | 0.2791 | 0.07742 | 12.9159 | 0.27742 | 3.6046 | 8.2551 | 2.2902 |
| 8 | 4.2998 | 0.2326 | 0.06061 | 16.4991 | 0.26061 | 3.8372 | 9.8831 | 2.5756 |
| 9 | 5.1598 | 0.1938 | 0.04808 | 20.7989 | 0.24808 | 4.0310 | 11.4335 | 2.8364 |
| 10 | 6.1917 | 0.1615 | 0.03852 | 25.9587 | 0.23852 | 4.1925 | 12.8871 | 3.0739 |
| 11 | 7.4301 | 0.1346 | 0.03110 | 32.1504 | 0.23110 | 4.3271 | 14.2330 | 3.2893 |
| 12 | 8.9161 | 0.1122 | 0.02526 | 39.5805 | 0.22526 | 4.4392 | 15.4667 | 3.4841 |
| 13 | 10.6993 | 0.0935 | 0.02062 | 48.4966 | 0.22062 | 4.5327 | 16.5883 | 3.6597 |
| 14 | 12.8392 | 0.0779 | 0.01689 | 59.1959 | 0.21689 | 4.6106 | 17.6008 | 3.8175 |
| 15 | 15.4070 | 0.0649 | 0.01388 | 72.0351 | 0.21388 | 4.6755 | 18.5095 | 3.9588 |
| 16 | 18.4884 | 0.0541 | 0.01144 | 87.4421 | 0.21144 | 4.7296 | 19.3208 | 4.0851 |
| 17 | 22.1861 | 0.0451 | 0.00944 | 105.9306 | 0.20944 | 4.7746 | 20.0419 | 4.1976 |
| 18 | 26.6233 | 0.0376 | 0.00781 | 128.1167 | 0.20781 | 4.8122 | 20.6805 | 4.2975 |
| 19 | 31.9480 | 0.0313 | 0.00646 | 154.7400 | 0.20646 | 4.8435 | 21.2439 | 4.3861 |
| 20 | 38.3376 | 0.0261 | 0.00536 | 186.6880 | 0.20536 | 4.8696 | 21.7395 | 4.4643 |
| 22 | 55.2061 | 0.0181 | 0.00369 | 271.0307 | 0.20369 | 4.9094 | 22.5546 | 4.5941 |
| 24 | 79.4968 | 0.0126 | 0.00255 | 392.4842 | 0.20255 | 4.9371 | 23.1760 | 4.6943 |
| 26 | 114.4755 | 0.0087 | 0.00176 | 567.3773 | 0.20176 | 4.9563 | 23.6460 | 4.7709 |
| 28 | 164.8447 | 0.0061 | 0.00122 | 819.2233 | 0.20122 | 4.9697 | 23.9991 | 4.8291 |
| 30 | 237.3763 | 0.0042 | 0.00085 | 1181.8800 | 0.20085 | 4.9789 | 24.2628 | 4.8731 |
| 32 | 341.8219 | 0.0029 | 0.00059 | 1704.1100 | 0.20059 | 4.9854 | 24.4588 | 4.9061 |
| 34 | 492.2235 | 0.0020 | 0.00041 | 2456.1176 | 0.20041 | 4.9898 | 24.6038 | 4.9308 |
| 35 | 590.6682 | 0.0017 | 0.00034 | 2948.3411 | 0.20034 | 4.9915 | 24.6614 | 4.9406 |
| 36 | 708.8019 | 0.0014 | 0.00028 | 3539.0094 | 0.20028 | 4.9929 | 24.7108 | 4.9491 |
| 38 | 1020.6747 | 0.0010 | 0.00020 | 5098.3735 | 0.20020 | 4.9951 | 24.7894 | 4.9627 |
| 40 | 1469.7716 | 0.0007 | 0.00014 | 7343.8600 | 0.20014 | 4.9966 | 24.8469 | 4.9728 |
| 45 | 3657.2620 | 0.0003 | 0.00005 | 18281.0000 | 0.20005 | 4.9986 | 24.9316 | 4.9877 |
| 50 | 9100.4382 | 0.0001 | 0.00002 | 45497.0000 | 0.20002 | 4.9995 | 24.9698 | 4.9945 |
| 55 | 22644.8023 | | 0.00001 | 113219.00 | 0.20001 | 4.9998 | 24.9868 | 4.9976 |
| | | | | | | | | |

TABLA DE FACTORES DE INTERES COMPUESTO DISCRETO DE 22%

| 22% | PAGOS UNICOS | | SERIES UNIFORMES | | | | GRADIENTES | |
|---|---|---|---|---|---|---|---|---|
| n | F/Pin | P/Fin | A/Fin | F/Ain | A/Pin | P/Ain | P/Gin | A/Gin |
| 1 | 1.2200 | 0.8197 | 1.00000 | 1.0000 | 1.22000 | 0.8197 | | |
| 2 | 1.4884 | 0.6719 | 0.45045 | 2.2200 | 0.67045 | 1.4915 | 0.6719 | 0.4505 |
| 3 | 1.8158 | 0.5507 | 0.26966 | 3.7084 | 0.48966 | 2.0422 | 1.7733 | 0.8683 |
| 4 | 2.2153 | 0.4514 | 0.18102 | 5.5242 | 0.40102 | 2.4936 | 3.1275 | 1.2542 |
| 5 | 2.7027 | 0.3700 | 0.12921 | 7.7396 | 0.34921 | 2.8636 | 4.6075 | 1.6090 |
| 6 | 3.2973 | 0.3033 | 0.09576 | 10.4423 | 0.31576 | 3.1669 | 6.1239 | 1.9337 |
| 7 | 4.0227 | 0.2486 | 0.07278 | 13.7396 | 0.29278 | 3.4155 | 7.6154 | 2.2297 |
| 8 | 4.9077 | 0.2038 | 0.05630 | 17.7623 | 0.27630 | 3.6193 | 9.0417 | 2.4982 |
| 9 | 5.9874 | 0.1670 | 0.04411 | 22.6700 | 0.26411 | 3.7863 | 10.3779 | 2.7409 |
| 10 | 7.3046 | 0.1369 | 0.03489 | 28.6574 | 0.25489 | 3.9232 | 11.6100 | 2.9593 |
| 11 | 8.9117 | 0.1122 | 0.02781 | 35.9620 | 0.24781 | 4.0354 | 12.7321 | 3.1551 |
| 12 | 10.8722 | 0.0920 | 0.02228 | 44.8737 | 0.24228 | 4.1274 | 13.7438 | 3.3299 |
| 13 | 13.2641 | 0.0754 | 0.01794 | 55.7459 | 0.23794 | 4.2028 | 14.6485 | 3.4855 |
| 14 | 16.1822 | 0.0618 | 0.01449 | 69.0100 | 0.23449 | 4.2646 | 15.4519 | 3.6233 |
| 15 | 19.7423 | 0.0507 | 0.01174 | 85.1922 | 0.23174 | 4.3152 | 16.1610 | 3.7451 |
| 16 | 24.0856 | 0.0415 | 0.00953 | 104.9345 | 0.22953 | 4.3567 | 16.7838 | 3.8524 |
| 17 | 29.3844 | 0.0340 | 0.00775 | 129.0201 | 0.22775 | 4.3908 | 17.3283 | 3.9465 |
| 18 | 35.8490 | 0.0279 | 0.00631 | 158.4045 | 0.22631 | 4.4187 | 17.8025 | 4.0289 |
| 19 | 43.7358 | 0.0229 | 0.00515 | 194.2535 | 0.22515 | 4.4415 | 18.2141 | 4.1009 |
| 20 | 53.3576 | 0.0187 | 0.00420 | 237.9893 | 0.22420 | 4.4603 | 18.5702 | 4.1635 |
| 22 | 79.4175 | 0.0126 | 0.00281 | 356.4432 | 0.22281 | 4.4882 | 19.1418 | 4.2649 |
| 24 | 118.2050 | 0.0085 | 0.00188 | 532.7501 | 0.22188 | 4.5070 | 19.5635 | 4.3407 |
| 26 | 175.9364 | 0.0057 | 0.00126 | 795.1653 | 0.22126 | 4.5196 | 19.8720 | 4.3968 |
| 28 | 261.8637 | 0.0038 | 0.00084 | 1185.7440 | 0.22084 | 4.5281 | 20.0962 | 4.4381 |
| 30 | 389.7579 | 0.0026 | 0.00057 | 1767.0813 | 0.22057 | 4.5338 | 20.2583 | 4.4683 |
| 32 | 580.1156 | 0.0017 | 0.00038 | 2632.3439 | 0.22038 | 4.5376 | 20.3748 | 4.4902 |
| 34 | 863.4441 | 0.0012 | 0.00026 | 3920.2006 | 0.22026 | 4.5402 | 20.4582 | 4.5060 |
| 35 | 1053.4018 | 0.0009 | 0.00021 | 4783.6447 | 0.22021 | 4.5411 | 20.4905 | 4.5122 |
| 36 | 1285.1502 | 0.0008 | 0.00017 | 5837.0466 | 0.22017 | 4.5419 | 20.5178 | 4.5174 |
| 38 | 1912.8176 | 0.0005 | 0.00012 | 8690.0801 | 0.22012 | 4.5431 | 20.5601 | 4.5256 |
| 40 | 2847.0378 | 0.0004 | 0.00008 | 12936.5353 | 0.22008 | 4.5439 | 20.5900 | 4.5314 |
| 45 | 7694.7122 | 0.0001 | 0.00003 | 34971.0000 | 0.22003 | 4.5449 | 20.6319 | 4.5396 |
| 50 | 20796.5615 | | 0.00001 | 94525.2793 | 0.22001 | 4.5452 | 20.6492 | 4.5431 |
| 55 | 56207.0364 | | | 255482.000 | 0.22000 | 4.5454 | 20.6563 | 4.5445 |
| | | | | | | | | |

TABLA DE FACTORES DE INTERES COMPUESTO DISCRETO DE 24%

| 24% | PAGOS UNICOS | | SERIES UNIFORMES | | | | GRADIENTES | |
|---|---|---|---|---|---|---|---|---|
| n | F/Pin | P/Fin | A/Fin | F/Ain | A/Pin | P/Ain | P/Gin | A/Gin |
| 1 | 1.2400 | 0.8065 | 1.00000 | 1.0000 | 1.24000 | 0.8065 | | |
| 2 | 1.5376 | 0.6504 | 0.44643 | 2.2400 | 0.68643 | 1.4568 | 0.6504 | 0.4464 |
| 3 | 1.9066 | 0.5245 | 0.26472 | 3.7776 | 0.50472 | 1.9813 | 1.6993 | 0.8577 |
| 4 | 2.3642 | 0.4230 | 0.17593 | 5.6842 | 0.41593 | 2.4043 | 2.9683 | 1.2346 |
| 5 | 2.9316 | 0.3411 | 0.12425 | 8.0484 | 0.36425 | 2.7454 | 4.3327 | 1.5782 |
| 6 | 3.6352 | 0.2751 | 0.09107 | 10.9801 | 0.33107 | 3.0205 | 5.7081 | 1.8898 |
| 7 | 4.5077 | 0.2218 | 0.06842 | 14.6153 | 0.30842 | 3.2423 | 7.0392 | 2.1710 |
| 8 | 5.5895 | 0.1789 | 0.05229 | 19.1229 | 0.29229 | 3.4212 | 8.2915 | 2.4236 |
| 9 | 6.9310 | 0.1443 | 0.04047 | 24.7125 | 0.28047 | 3.5655 | 9.4458 | 2.6492 |
| 10 | 8.5944 | 0.1164 | 0.03160 | 31.6434 | 0.27160 | 3.6819 | 10.4930 | 2.8499 |
| 11 | 10.6571 | 0.0938 | 0.02485 | 40.2379 | 0.26485 | 3.7757 | 11.4313 | 3.0276 |
| 12 | 13.2148 | 0.0757 | 0.01965 | 50.8950 | 0.25965 | 3.8514 | 12.2637 | 3.1843 |
| 13 | 16.3863 | 0.0610 | 0.01560 | 64.1097 | 0.25560 | 3.9124 | 12.9960 | 3.3218 |
| 14 | 20.3191 | 0.0492 | 0.01242 | 80.4961 | 0.25242 | 3.9616 | 13.6358 | 3.4420 |
| 15 | 25.1956 | 0.0397 | 0.00992 | 100.8151 | 0.24992 | 4.0013 | 14.1915 | 3.5467 |
| 16 | 31.2426 | 0.0320 | 0.00794 | 126.0108 | 0.24794 | 4.0333 | 14.6716 | 3.6376 |
| 17 | 38.7408 | 0.0258 | 0.00636 | 157.2534 | 0.24636 | 4.0591 | 15.0846 | 3.7162 |
| 18 | 48.0386 | 0.0208 | 0.00510 | 195.9942 | 0.24510 | 4.0799 | 15.4385 | 3.7840 |
| 19 | 59.5679 | 0.0168 | 0.00410 | 244.0328 | 0.24410 | 4.0967 | 15.7406 | 3.8423 |
| 20 | 73.8641 | 0.0135 | 0.00329 | 303.6006 | 0.24329 | 4.1103 | 15.9979 | 3.8922 |
| 22 | 113.5735 | 0.0088 | 0.00213 | 469.0563 | 0.24213 | 4.1300 | 16.4011 | 3.9712 |
| 24 | 174.6306 | 0.0057 | 0.00138 | 723.4610 | 0.24138 | 4.1428 | 16.6891 | 4.0284 |
| 26 | 268.5121 | 0.0037 | 0.00090 | 1114.6336 | 0.24090 | 4.1511 | 16.8930 | 4.0695 |
| 28 | 412.8642 | 0.0024 | 0.00058 | 1716.1007 | 0.24058 | 4.1566 | 17.0365 | 4.0987 |
| 30 | 634.8199 | 0.0016 | 0.00038 | 2640.9164 | 0.24038 | 4.1601 | 17.1369 | 4.1193 |
| 32 | 976.0991 | 0.0010 | 0.00025 | 4062.9130 | 0.24025 | 4.1624 | 17.2067 | 4.1338 |
| 34 | 1500.8500 | 0.0007 | 0.00016 | 6249.3751 | 0.24016 | 4.1639 | 17.2552 | 4.1440 |
| 35 | 1861.0540 | 0.0005 | 0.00013 | 7750.2251 | 0.24013 | 4.1664 | 17.2734 | 4.1479 |
| 36 | 2307.7070 | 0.0004 | 0.00010 | 9611.2791 | 0.24010 | 4.1649 | 17.2886 | 4.1511 |
| 38 | 3548.3303 | 0.0003 | 0.00007 | 14780.5428 | 0.24007 | 4.1655 | 17.3116 | 4.1560 |
| 40 | 5455.9126 | 0.0002 | 0.00004 | 22728.8026 | 0.24004 | 4.1659 | 17.3274 | 4.1593 |
| 45 | 15994.6902 | 0.0001 | 0.00002 | 66640.3758 | 0.24002 | 4.1664 | 17.3483 | 4.1639 |
| 50 | 46890.4346 | | 0.00001 | | 0.24001 | 4.1666 | 17.3563 | 4.1656 |
| 55 | | | | | 0.24000 | 4.1666 | 17.3593 | 4.1663 |
| | | | | | | | | |

TABLA DE FACTORES DE INTERES COMPUESTO DISCRETO DE 25%

| 25% | PAGOS UNICOS | | SERIES UNIFORMES | | | | GRADIENTES | |
|---|---|---|---|---|---|---|---|---|
| n | F/Pin | P/Fin | A/Fin | F/Ain | A/Pin | P/Ain | P/Gin | A/Gin |
| 1 | 1.2500 | 0.8000 | 1.00000 | 1.0000 | 1.25000 | 0.8000 | | |
| 2 | 1.5625 | 0.6400 | 0.44444 | 2.2500 | 0.69444 | 1.4400 | 0.6400 | 0.4444 |
| 3 | 1.9531 | 0.5120 | 0.26230 | 3.8125 | 0.51230 | 1.9520 | 1.6640 | 0.8525 |
| 4 | 2.4414 | 0.4096 | 0.17344 | 5.7656 | 0.42344 | 2.3616 | 2.8928 | 1.2249 |
| 5 | 3.0518 | 0.3277 | 0.12185 | 8.2070 | 0.37185 | 2.6893 | 4.2035 | 1.5631 |
| 6 | 3.8147 | 0.2621 | 0.08882 | 11.2588 | 0.33882 | 2.9514 | 5.5142 | 1.8683 |
| 7 | 4.7684 | 0.2097 | 0.06634 | 15.0735 | 0.31634 | 3.1611 | 6.7725 | 2.1424 |
| 8 | 5.9605 | 0.1678 | 0.05040 | 19.8419 | 0.30040 | 3.3289 | 7.9469 | 2.3872 |
| 9 | 7.4506 | 0.1342 | 0.03876 | 25.8023 | 0.28876 | 3.4631 | 9.0207 | 2.6048 |
| 10 | 9.3132 | 0.1074 | 0.03007 | 33.2529 | 0.28007 | 3.5705 | 9.9870 | 2.7971 |
| 11 | 11.6415 | 0.0859 | 0.02349 | 42.5661 | 0.27349 | 3.6564 | 10.8460 | 2.9663 |
| 12 | 14.5519 | 0.0687 | 0.01845 | 54.2077 | 0.26845 | 3.7251 | 11.6020 | 3.1145 |
| 13 | 18.1899 | 0.0550 | 0.01454 | 68.7596 | 0.26454 | 3.7801 | 12.2617 | 3.2437 |
| 14 | 22.7374 | 0.0440 | 0.01150 | 86.9495 | 0.26150 | 3.8241 | 12.8334 | 3.3559 |
| 15 | 28.4217 | 0.0352 | 0.00912 | 109.6868 | 0.25912 | 3.8593 | 13.3260 | 3.4530 |
| 16 | 35.5271 | 0.0281 | 0.00724 | 138.1085 | 0.25724 | 3.8874 | 13.7482 | 3.5366 |
| 17 | 44.4089 | 0.0225 | 0.00576 | 173.6357 | 0.25576 | 3.9099 | 14.1085 | 3.6084 |
| 18 | 55.5112 | 0.0180 | 0.00459 | 218.0446 | 0.25459 | 3.9279 | 14.4147 | 3.6698 |
| 19 | 69.3889 | 0.0144 | 0.00366 | 273.5558 | 0.25366 | 3.9424 | 14.6741 | 3.7222 |
| 20 | 86.7362 | 0.0115 | 0.00292 | 342.9447 | 0.25292 | 3.9539 | 14.8932 | 3.7667 |
| 22 | 135.5253 | 0.0074 | 0.00186 | 538.1011 | 0.25186 | 3.9705 | 15.2326 | 3.8365 |
| 24 | 211.7582 | 0.0047 | 0.00119 | 843.0329 | 0.25119 | 3.9811 | 15.4711 | 3.8861 |
| 26 | 330.8722 | 0.0030 | 0.00076 | 1319.4890 | 0.25076 | 3.9879 | 15.6373 | 3.9212 |
| 28 | 516.9879 | 0.0019 | 0.00048 | 2063.9515 | 0.25048 | 3.9923 | 15.7524 | 3.9457 |
| 30 | 807.7936 | 0.0012 | 0.00031 | 3227.1743 | 0.25031 | 3.9950 | 15.8316 | 3.9628 |
| 32 | 1262.1774 | 0.0008 | 0.00020 | 5044.7098 | 0.25020 | 3.9968 | 15.8859 | 3.9746 |
| 34 | 1972.1523 | 0.0005 | 0.00013 | 7884.6091 | 0.25013 | 3.9980 | 15.9229 | 3.9828 |
| 35 | 2465.1903 | 0.0004 | 0.00010 | 9856.7613 | 0.25010 | 3.9984 | 15.9367 | 3.9858 |
| 36 | 3081.4879 | 0.0003 | 0.00008 | 12321.9516 | 0.25008 | 3.9987 | 15.9481 | 3.9883 |
| 38 | 4814.8249 | 0.0002 | 0.00005 | 19255.2994 | 0.25005 | 3.9992 | 15.9651 | 3.9921 |
| 40 | 7523.1638 | 0.0001 | 0.00003 | 30088.6554 | 0.25003 | 3.9995 | 15.9766 | 3.9947 |
| 45 | 22958.8740 | | 0.00001 | 91831.4962 | 0.25001 | 3.9998 | 15.9915 | 3.9980 |
| 50 | 70064.9232 | | | | 0.25000 | 3.9999 | 15.9969 | 3.9993 |
| 55 | | | | | 0.25000 | 4.0000 | 15.9989 | 3.9997 |
| 60 | | | | | | | | 3.9999 |

TABLA DE FACTORES DE INTERES COMPUESTO DISCRETO DE 30%

| 30% | PAGOS UNICOS | | SERIES UNIFORMES | | | | GRADIENTES | |
|---|---|---|---|---|---|---|---|---|
| n | F/Pin | P/Fin | A/Fin | F/Ain | A/Pin | P/Ain | P/Gin | A/Gin |
| 1 | 1.3000 | 0.7692 | 1.00000 | 1.0000 | 1.30000 | 0.7692 | | |
| 2 | 1.6900 | 0.5917 | 0.43478 | 2.3000 | 0.73478 | 1.3609 | 0.5917 | 0.4348 |
| 3 | 2.1970 | 0.4552 | 0.25063 | 3.9900 | 0.55063 | 1.8161 | 1.5020 | 0.8271 |
| 4 | 2.8561 | 0.3501 | 0.16163 | 6.1870 | 0.46163 | 2.1662 | 2.5524 | 1.1783 |
| 5 | 3.7129 | 0.2693 | 0.11058 | 9.0431 | 0.41058 | 2.4356 | 3.6297 | 1.4903 |
| 6 | 4.8268 | 0.2072 | 0.07839 | 12.7560 | 0.37839 | 2.6427 | 4.6656 | 1.7654 |
| 7 | 6.2749 | 0.1594 | 0.05687 | 17.5828 | 0.35687 | 2.8021 | 5.6218 | 2.0063 |
| 8 | 8.1573 | 0.1226 | 0.04192 | 23.8577 | 0.34192 | 2.9247 | 6.4800 | 2.2156 |
| 9 | 10.6045 | 0.0943 | 0.03124 | 32.0150 | 0.33124 | 3.0190 | 7.2343 | 2.3963 |
| 10 | 13.7858 | 0.0725 | 0.02346 | 42.6195 | 0.32346 | 3.0915 | 7.8872 | 2.5512 |
| 11 | 17.9216 | 0.0558 | 0.01773 | 56.4053 | 0.31773 | 3.1473 | 8.4452 | 2.6833 |
| 12 | 23.2981 | 0.0429 | 0.01345 | 74.3270 | 0.31345 | 3.1903 | 8.9173 | 2.7952 |
| 13 | 30.2875 | 0.0330 | 0.01024 | 97.6250 | 0.31024 | 3.2233 | 9.3135 | 2.8895 |
| 14 | 39.3738 | 0.0254 | 0.00782 | 127.9125 | 0.30782 | 3.2487 | 9.6437 | 2.9685 |
| 15 | 51.1859 | 0.0195 | 0.00598 | 167.2863 | 0.30598 | 3.2682 | 9.9172 | 3.0344 |
| 16 | 66.5417 | 0.0150 | 0.00458 | 218.4722 | 0.30458 | 3.2832 | 10.1426 | 3.0892 |
| 17 | 86.5042 | 0.0116 | 0.00351 | 285.0139 | 0.30351 | 3.2948 | 10.3276 | 3.1345 |
| 18 | 112.4554 | 0.0089 | 0.00269 | 371.5180 | 0.30269 | 3.3037 | 10.4788 | 3.1718 |
| 19 | 146.1920 | 0.0068 | 0.00207 | 483.9734 | 0.30207 | 3.3105 | 10.6019 | 3.2025 |
| 20 | 190.0496 | 0.0053 | 0.00159 | 630.1655 | 0.30159 | 3.3158 | 10.7019 | 3.2275 |
| 22 | 321.1839 | 0.0031 | 0.00094 | 1067.2800 | 0.30094 | 3.3230 | 10.8482 | 3.2646 |
| 24 | 542.8008 | 0.0018 | 0.00055 | 1806.0000 | 0.30055 | 3.3272 | 10.9433 | 3.2890 |
| 25 | 705.6410 | 0.0014 | 0.00043 | 2348.8000 | 0.30043 | 3.3286 | 10.9773 | 3.2979 |
| 26 | 912.3333 | 0.0011 | 0.00033 | 3054.4400 | 0.30033 | 3.3297 | 11.0045 | 3.3050 |
| 28 | 1550.2900 | 0.0006 | 0.00019 | 5164.3100 | 0.30019 | 3.3312 | 11.0437 | 3.3153 |
| 30 | 2620.0000 | 0.0004 | 0.00011 | 8729.9900 | 0.30011 | 3.3321 | 11.0687 | 3.3219 |
| 32 | 4427.7900 | 0.0002 | 0.00007 | 14756.0000 | 0.30007 | 3.3326 | 11.0845 | 3.3261 |
| 34 | 7482.9700 | 0.0001 | 0.00004 | 24940.0000 | 0.30004 | 3.3329 | 11.0945 | 3.3288 |
| 35 | 9727.8600 | 0.0001 | 0.00003 | 32423.0000 | 0.30003 | 3.3330 | 11.0980 | 3.3297 |

TABLA DE FACTORES DE INTERES COMPUESTO DISCRETO DE 35%

| 35% | PAGOS UNICOS | | SERIES UNIFORMES | | | | GRADIENTES | |
|---|---|---|---|---|---|---|---|---|
| N | F/Pin | P/Fin | A/Fin | F/Ain | A/Pin | P/Ain | P/Gin | A/Gin |
| 1 | 1.3500 | 0.7407 | 1.00000 | 1.0000 | 1.35000 | 0.7407 | | |
| 2 | 1.8225 | 0.5487 | 0.42553 | 2.3500 | 0.77553 | 1.2894 | 0.5487 | 0.4255 |
| 3 | 2.4604 | 0.4064 | 0.23966 | 4.1725 | 0.58966 | 1.6959 | 1.3616 | 0.8029 |
| 4 | 3.3215 | 0.3011 | 0.15076 | 6.6329 | 0.50076 | 1.9969 | 2.2648 | 1.1341 |
| 5 | 4.4840 | 0.2230 | 0.10046 | 9.9544 | 0.45046 | 2.2200 | 3.1568 | 1.4220 |
| 6 | 6.0534 | 0.1652 | 0.06926 | 14.4384 | 0.41926 | 2.3852 | 3.9828 | 1.6698 |
| 7 | 8.1722 | 0.1224 | 0.04880 | 20.4919 | 0.39880 | 2.5075 | 4.7170 | 1.8811 |
| 8 | 11.0324 | 0.0906 | 0.03489 | 28.6640 | 0.38489 | 2.5982 | 5.3515 | 2.0597 |
| 9 | 14.8937 | 0.0671 | 0.02519 | 39.6964 | 0.37519 | 2.6653 | 5.8886 | 2.2094 |
| 10 | 20.1066 | 0.0497 | 0.01832 | 54.5902 | 0.36832 | 2.7150 | 6.3363 | 2.3338 |
| 11 | 27.1439 | 0.0368 | 0.01339 | 74.6967 | 0.36339 | 2.7519 | 6.7047 | 2.4364 |
| 12 | 36.6442 | 0.0273 | 0.00982 | 101.8406 | 0.35982 | 2.7792 | 7.0049 | 2.5205 |
| 13 | 49.4697 | 0.0202 | 0.00722 | 138.4848 | 0.35722 | 2.7994 | 7.2474 | 2.5889 |
| 14 | 66.7841 | 0.0150 | 0.00532 | 187.9544 | 0.35532 | 2.8144 | 7.4421 | 2.6443 |
| 15 | 90.1585 | 0.0111 | 0.00393 | 254.7385 | 0.35393 | 2.8255 | 7.5974 | 2.6889 |
| 16 | 121.7139 | 0.0082 | 0.00290 | 344.8970 | 0.35290 | 2.8337 | 7.7206 | 2.7246 |
| 17 | 164.3138 | 0.0061 | 0.00214 | 466.6109 | 0.35214 | 2.8398 | 7.8180 | 2.7530 |
| 18 | 221.8236 | 0.0045 | 0.00158 | 630.9247 | 0.35158 | 2.8443 | 7.8946 | 2.7756 |
| 19 | 299.4619 | 0.0033 | 0.00117 | 852.7483 | 0.35117 | 2.8476 | 7.9547 | 2.7935 |
| 20 | 404.2736 | 0.0025 | 0.00087 | 1152.2103 | 0.35087 | 2.8501 | 8.0017 | 2.8075 |
| 22 | 736.7886 | 0.0014 | 0.00048 | 2102.2532 | 0.35048 | 2.8533 | 8.0669 | 2.8272 |
| 24 | 1342.7973 | 0.0007 | 0.00026 | 3833.7064 | 0.35026 | 2.8550 | 8.1061 | 2.8393 |
| 25 | 1812.7763 | 0.0006 | 0.00019 | 5176.5037 | 0.35019 | 2.8556 | 8.1194 | 2.8433 |
| 26 | 2447.2480 | 0.0004 | 0.00014 | 6989.2800 | 0.35014 | 2.8560 | 8.1296 | 2.8465 |
| 28 | 4460.1095 | 0.0002 | 0.00008 | 12740.3128 | 0.35008 | 2.8565 | 8.1435 | 2.8509 |
| 30 | 8128.5495 | 0.0001 | 0.00004 | 23221.5700 | 0.35004 | 2.8568 | 8.1517 | 2.8535 |
| 32 | 14814.2815 | 0.0001 | 0.00002 | 42323.6613 | 0.35002 | 2.8569 | 8.1565 | 2.8550 |
| 34 | 26999.0280 | | 0.00001 | 77137.2228 | 0.35001 | 2.8570 | 8.1594 | 2.8559 |
| 35 | 36448.6878 | | 0.00001 | | 0.35001 | 2.8571 | 8.1603 | 2.8562 |
| | | | | | | | | |

TABLA DE FACTORES DE INTERES COMPUESTO DISCRETO DE 40%

| 40% | PAGOS UNICOS | | SERIES UNIFORMES | | | | GRADIENTES | |
|---|---|---|---|---|---|---|---|---|
| N | F/Pin | P/Fin | A/Fin | F/Ain | A/Pin | P/Ain | P/Gin | A/Gin |
| 1 | 1.4000 | 0.7143 | 1.00000 | 1.0000 | 1.40000 | 0.7143 | | |
| 2 | 1.9600 | 0.5102 | 0.41667 | 2.4000 | 0.81667 | 1.2245 | 0.5102 | 0.4167 |
| 3 | 2.7440 | 0.3644 | 0.22936 | 4.3600 | 0.62936 | 1.5889 | 1.2391 | 0.7798 |
| 4 | 3.8416 | 0.2603 | 0.14077 | 7.1040 | 0.54077 | 1.8492 | 2.0200 | 1.0923 |
| 5 | 5.3782 | 0.1859 | 0.09136 | 10.9456 | 0.49136 | 2.0352 | 2.7637 | 1.3580 |
| 6 | 7.5295 | 0.1328 | 0.06126 | 16.3238 | 0.46126 | 2.1680 | 3.4278 | 1.5811 |
| 7 | 10.5414 | 0.0949 | 0.04192 | 23.8534 | 0.44192 | 2.2628 | 3.9970 | 1.7664 |
| 8 | 14.7579 | 0.0678 | 0.02907 | 34.3947 | 0.42907 | 2.3306 | 4.4713 | 1.9185 |
| 9 | 20.6610 | 0.0484 | 0.02034 | 49.1526 | 0.42034 | 2.3790 | 4.8585 | 2.0422 |
| 10 | 28.9255 | 0.0346 | 0.01432 | 69.8137 | 0.41432 | 2.4136 | 5.1696 | 2.1419 |
| 11 | 40.4957 | 0.0247 | 0.01013 | 98.7391 | 0.41013 | 2.4383 | 5.4166 | 2.2215 |
| 12 | 56.6939 | 0.0176 | 0.00718 | 139.2348 | 0.40718 | 2.4559 | 5.6106 | 2.2845 |
| 13 | 79.3715 | 0.0126 | 0.00510 | 195.9287 | 0.40510 | 2.4685 | 5.7618 | 2.3341 |
| 14 | 111.1201 | 0.0090 | 0.00363 | 275.3002 | 0.40363 | 2.4775 | 5.8788 | 2.3729 |
| 15 | 155.5681 | 0.0064 | 0.00259 | 386.4202 | 0.40259 | 2.4839 | 5.9688 | 2.4030 |
| 16 | 217.7953 | 0.0046 | 0.00185 | 541.9883 | 0.40185 | 2.4885 | 6.0376 | 2.4262 |
| 17 | 304.9135 | 0.0033 | 0.00132 | 759.7837 | 0.40132 | 2.4918 | 6.0901 | 2.4441 |
| 18 | 426.8789 | 0.0023 | 0.00094 | 1064.6971 | 0.40094 | 2.4941 | 6.1299 | 2.4577 |
| 19 | 597.6304 | 0.0017 | 0.00067 | 1491.5760 | 0.40067 | 2.4958 | 6.1601 | 2.4682 |
| 20 | 836.6826 | 0.0012 | 0.00048 | 2089.2064 | 0.40048 | 2.4970 | 6.1828 | 2.4761 |
| 22 | 1639.8978 | 0.0006 | 0.00024 | 4097.2445 | 0.40024 | 2.4985 | 6.2127 | 2.4866 |
| 24 | 3214.1997 | 0.0003 | 0.00012 | 8032.9993 | 0.40012 | 2.4992 | 6.2294 | 2.4925 |
| 25 | 4499.8796 | 0.0002 | 0.00009 | 11247.1990 | 0.40009 | 2.4994 | 6.2347 | 2.4944 |
| 26 | 6299.8314 | 0.0002 | 0.00006 | 15747.0785 | 0.40006 | 2.4996 | 6.2387 | 2.4959 |
| 28 | 12347.6696 | 0.0001 | 0.00003 | 30867.0000 | 0.40003 | 2.4998 | 6.2438 | 2.4977 |
| 30 | 24201.4324 | | 0.00002 | 60501.0809 | 0.40002 | 2.4999 | 6.2466 | 2.4988 |
| 32 | 47434.8074 | | 0.00001 | | 0.40001 | 2.4999 | 6.2482 | 2.4993 |
| 34 | 92972.2225 | | | | 0.40000 | 2.5000 | 6.2490 | 2.4996 |
| 35 | | | | | 0.40000 | 2.5000 | 6.2493 | 2.4997 |
| | | | | | | | | |

TABLA DE FACTORES DE INTERES COMPUESTO DISCRETO DE 50%

| 50% | PAGOS UNICOS | | SERIES UNIFORMES | | | | GRADIENTES | |
|---|---|---|---|---|---|---|---|---|
| N | F/Pin | P/Fin | A/Fin | F/Ain | A/Pin | P/Ain | P/Gin | A/Gin |
| 1 | 1.5000 | 0.6667 | 1.00000 | 1.0000 | 1.50000 | 0.6667 | | |
| 2 | 2.2500 | 0.4444 | 0.40000 | 2.5000 | 0.90000 | 1.1111 | 0.4444 | 0.4000 |
| 3 | 3.3750 | 0.2963 | 0.21053 | 4.7500 | 0.71053 | 1.4074 | 1.0370 | 0.7368 |
| 4 | 5.0625 | 0.1975 | 0.12308 | 8.1250 | 0.62308 | 1.6049 | 1.6296 | 1.0154 |
| 5 | 7.5938 | 0.1317 | 0.07583 | 13.1875 | 0.57583 | 1.7366 | 2.1564 | 1.2417 |
| 6 | 11.3906 | 0.0878 | 0.04812 | 20.7813 | 0.54812 | 1.8244 | 2.5953 | 1.4226 |
| 7 | 17.0859 | 0.0585 | 0.03108 | 32.1719 | 0.53108 | 1.8829 | 2.9465 | 1.5648 |
| 8 | 25.6289 | 0.0390 | 0.02030 | 49.2578 | 0.52030 | 1.9220 | 3.2196 | 1.6752 |
| 9 | 38.4434 | 0.0260 | 0.01335 | 74.8867 | 0.51335 | 1.9480 | 3.4277 | 1.7596 |
| 10 | 57.6650 | 0.0173 | 0.00882 | 113.3301 | 0.50882 | 1.9653 | 3.5838 | 1.8235 |
| 11 | 86.4976 | 0.0116 | 0.00585 | 170.9951 | 0.50585 | 1.9769 | 3.6994 | 1.8713 |
| 12 | 129.7463 | 0.0077 | 0.00388 | 257.4927 | 0.50388 | 1.9846 | 3.7842 | 1.9068 |
| 13 | 194.6195 | 0.0051 | 0.00258 | 387.2390 | 0.50258 | 1.9897 | 3.8459 | 1.9329 |
| 14 | 291.9293 | 0.0034 | 0.00172 | 581.8585 | 0.50172 | 1.9931 | 3.8904 | 1.9519 |
| 15 | 437.8939 | 0.0023 | 0.00114 | 873.7878 | 0.50114 | 1.9954 | 3.9224 | 1.9657 |
| 16 | 656.8408 | 0.0015 | 0.00076 | 1311.6817 | 0.50076 | 1.9970 | 3.9452 | 1.9756 |
| 17 | 985.2613 | 0.0010 | 0.00051 | 1968.5225 | 0.50051 | 1.9980 | 3.9614 | 1.9827 |
| 18 | 1477.8900 | 0.0007 | 0.00034 | 2953.7838 | 0.50034 | 1.9986 | 3.9729 | 1.9878 |
| 19 | 2216.8378 | 0.0005 | 0.00023 | 4431.6756 | 0.50023 | 1.9991 | 3.9811 | 1.9914 |
| 20 | 3325.2567 | 0.0003 | 0.00015 | 6648.5135 | 0.50015 | 1.9994 | 3.9868 | 1.9940 |
| 22 | 7481.8276 | 0.0001 | 0.00007 | 14961.6553 | 0.50007 | 1.9997 | 3.9936 | 1.9971 |
| 24 | 16834.1122 | 0.0001 | 0.00003 | 33666.2244 | 0.50003 | 1.9999 | 3.9969 | 1.9986 |
| 25 | 25251.1683 | | 0.00002 | 50500.3366 | 0.50002 | 1.9999 | 3.9979 | 1.9990 |
| 26 | 37876,7524 | | 0.00001 | 75751.5049 | 0.50001 | 1.9999 | 3.9985 | 1.9993 |
| 28 | 85222.6930 | | 0.00001 | | 0.50001 | 2.0000 | 3.9993 | 1.9997 |
| 30 | | | | | 0.50000 | 2.0000 | 3.9997 | 1.9998 |
| 32 | | | | | 0.50000 | 2.0000 | 3.9998 | 1.9999 |
| 34 | | | | | 0.50000 | 2.0000 | 3.9999 | 2.0000 |
| 35 | | | | | 0.50000 | 2.0000 | 3.9999 | 2.0000 |
| | | | | | | | | |

# DATOS FINALES

ESTE EJEMPLAR CONTIENE EL MÉTODO DE APRENDER FÁCIL LA INGENIERÍA ECONÓMICA, ACLARANDO QUE ES ESO UN MÉTODO, HAY INFINIDAD DE EJEMPLARES, OBRAS POR GRANDES ESTUDIOSOS DE LAS FINANZAS Y CON BASES HOMOGÉNEAS, PERO CON CRITERIOS Y COSTUMBRES DIFERENTES Y PUEDE QUE SE VEAN NOMENCLATURAS DIFERENTES, PERO CON EL MISMO RESULTADO YA SEA EN MATEMÁTICAS FINANCIERAS O INGENIERÍA ECONÓMICA

## EJEMPLO: EN OCACIONES SE USAN LAS SIGUIENTES NOMENCLATURAS

C Capital en lugar de P Valor Presente

M Monto en lugar de VFT Valor Futuro Total en Interés Simple

M Monto en lugar de F Valor Futuro

R Período Equivalente o Parcialidad en lugar de A Anualidad

TMAR Rasa Media Anual de Reducción en lugar de TREMA Tasa de Rendimiento Mínima Aceptable

CAUE Costo Anual Uniforme Equivalente en lugar de VAE Valor Anual Equivalente

Y así podemos encontrarnos muchas variaciones en los conceptos o formularios que nos pueden confundir, pero que en si significan lo mismo y se llega a los mismos resultados.

## DEPRECIACIÓN

Es la pérdida de valor de un bien ya sea por el uso o el paso del tiempo y en México la Ley del Impuesto sobre la Renta en el artículo 34 contiene los porcentajes para los diferentes activos

5% para edificios

10% para equipo de oficina, así como maquinaria y equipo.

30% equipo de cómputo.

25% equipos de transporte topados en $175,000.00

## AMORTIZACIÓN

ES LA REDUCCIÓN DEL VALOR DE UN ACTIVO O UN PASIVO TRAS EL PASO DEL TIEMPO O SEA UNA PERDIDA DEL VALOR EN CUESTIÓN.

PRESTAMO DE $10,000.00, SE PAGA EN 5 PAGOS IGUALES, UTILIZANDO UN 10% DE Interés ¿CÓMO SE AMORTIZA LA DEUDA?

VEAMOS PRIMERO VEAMOS EL VALOR DEL PAGO UNIFORME

A= Es el pago realizado en cada período

P= Es el valor de la deuda o inversión inicial, valor presente

I= Tasa de interés

N= Es el número total de pagos

$$A= P(i(1+i)\ \hat{}n\ /(1+i)\ \hat{}n-1)$$

$$A= 10,000.00(i(1+i)\ \hat{}n\ /(1+i)\ \hat{}n-1)$$

$$A= 10,000.00(.10(1+.10)\ \hat{}5\ /\ (1+.10)\ \hat{}5-1)$$

$$A= 10,000.00(.10(1.10)\ \hat{}5\ /\ (1.10)\ \hat{}5-1)$$

$$A= 10,000.00(.10(1.61051)\ /\ (1.61051-1)$$

A= 10,000.00(.161051 /.61051)

A= 10,000.00(.26379748)

A= $2,637.9748

Ahora visualicemos en una tabla en forma analítica

Empecemos con 5 columnas

1 El número progresivo de los pagos

2 Cálculo de interéses (multiplicar la tasa de interés por la deuda final del año.

3 El pago total uniforme que se obtuvo al principio usando la formula.

4 El pago real del préstamo (pago total -interéses

5 Deuda restante al final de cada año.

Al final vemos que la deuda se liquida en su totalidad.

Nota. El pago total tiene la deuda más interéses correspondientes y vemos que al paso de los períodos se paga cada vez menos interéses y mas capital.

| | INTERÉSES | PAGOS TOTALES | PAGO DE DEUDA | DEUDA |
|---|---|---|---|---|
| 0 | | | | 10000 |
| 1 | 1000 | 2637.9748 | 1637.9748 | 8362.0252 |
| 2 | 836.20252 | 2637.9748 | 1801.77228 | 6560.2592 |
| 3 | 656.025292 | 2637.9748 | 1981.948508 | 4578.303412 |
| 4 | 457.830341 | 2637.9748 | 2180.144459 | 2398.158953 |
| 5 | 239.815895 | 2637.9748 | 2398.158905 | 0.000048 |

# AGRADECIMIENTO

A TODOS LOS QUE TUVIERON EL TIEMPO DE VISUALIZAR ESTOS APUNTES

DIOS LES BENDIGA.

MAG Y CP LEANDRO SANCHEZ RODRIGUEZ

Made in the USA
Monee, IL
18 October 2026

66039175R00069